効果の上がる
ISO 14001
2015
実践のポイント

吉田 敬史 著

日本規格協会

著作権について

　本書は，ISO中央事務局と当会との翻訳出版契約に基づいて発行したものです．本書の一部又は全部について，当会の許可なく引用・転載・複製等をすることを禁じます．本書の著作権に関するお問合せは，当会営業サービスチーム（Tel：03-4231-8550）にて承ります．

はじめに

　2015年4月24日，金曜日，ISO 14001の改訂審議が完了した．

　2012年2月にベルリンで開催された第1回作業会合（WG）から3年2か月，ロンドンでの第10回WGまで，改訂審議に要した実働日数は48日（土曜日が5日，日曜日が6日）という大仕事であった．

　ここイギリスで誕生したビートルズの楽曲に"The Long and Winding Road"という曲がある．"長く，曲がりくねった道"という意味だ．ISO 14001に筆者とともに1993年以降継続して参加してきたオランダのディック・ホルテンシウス氏は今回の改訂作業を振り返って，この曲のようであったと語った．

　その"The Long and Winding Road"には，奥野麻衣子さん（三菱UFJリサーチ＆コンサルティング株式会社）と高井玉歩さん（日本規格協会）にいつも同行いただいた．この3人チームはこれまでの最強チームであり，お二人のおかげで今回の改訂審議を通じて日本の主張が多数採用され，改訂WGの中で日本は大きな影響力をもつ立場を占めることができた．お二人の献身的な貢献に対して，心よりお礼を申し上げる．

　1993年にTC207が発足して22年，環境マネジメントシステムに関してはゼロから出発した日本が，ここまで力をつけてきたのは，実業界でのISO 14001の適用経験の積み重ねが基盤となっている．今回の改訂作業を通じて，委員会原案や国際規格案に対する日本のコメント提出やJIS原案策定にあたって，環境管理規格審議委員会・環境管理システム小委員会及びISO 14001改正検討WGの委員各位にも，業務ご多忙な中，多くの時間を割いて委員会に参画いただき，真剣なご議論をいただいた．今や国内委員会での議論は国際的な議論を凌駕する質のものになっており，それが国際会合における日本のコメントの高い採用率を支えている．国内委員各位にも，この場を借りて心より感謝申し上げる．

　筆者は，1993年以来22年にわたってISO 14001の開発と改訂に携わると

ともに，企業で環境経営や ISO 14001 に関する実務経験も積んできた．今回の改訂作業は，筆者にとって最後の ISO 国際活動となるだろう．それゆえ，筆者のこれまでの ISO 国際活動と環境経営の実務経験を集大成した書籍を執筆したいと考えるようになった．

本書の出版企画は，日本規格協会（JSA）で ISO 活動の事務局や出版部門などの経験豊富な末安いづみさん（審査登録事業部）とのご相談から始まった．末安さんからは貴重なアドバイスをいただき，JSA 出版事業グループでの正式な出版計画に導いていただいた．末安さんの適切なアドバイスとご支援の賜物として本書がある．末安いづみさんには心よりお礼を申し上げる．

本書の編集制作にあたっては，JSA 出版事業グループの室谷誠さんと本田亮子さんに大変なご苦労をいただいた．本の編集作業は，大変な根気と集中力，そして誠意が不可欠であると思う．本田亮子さんの迅速で正確な，そして誠意にあふれた編集作業に対して心から敬意を表するとともに，厚くお礼を申し上げる．

本書は，ISO 14001:2015 の内容を，ISO での国際的な議論の経緯を踏まえ，それに筆者の環境経営の実務経験を融合させて解説したものである．

ISO 14001:2015 は，世界のどこの国でも，どんな業種でも，またどんな規模の組織にも適用可能な汎用規格として策定されており，本書で述べる解説はあくまでも筆者の私見にすぎない．場合によっては，ISO 14001:2015 の要求事項を超えた説明になっている箇所もあるかもしれない．しかし，環境経営実務として筆者が期待する解釈を表しているものであり，ISO 14001:2015 を本気で経営に生かしたいと考える方々に参考としていただければ幸いである．

最後に，この 3 年半だけではなく，結婚以来 37 年間，国内外を飛び回り，仕事中心で過ごして来た私をいつも絶品の家庭料理で癒し，叱咤激励してくれた妻 絹代に感謝し，本書をささげることをお許し願いたい．

2015 年 4 月 24 日　ISO 14001 新生の日，ロンドンにて

吉田　敬史

目　　次

はじめに　3

第1章　ISO 14001 改訂の背景と目的………………………………9
1.1　ISO 14001 開発の目的……………………………………………9
1.2　ISO 14001 改訂の経緯……………………………………………13
1.3　マネジメントシステム規格の整合化……………………………17
　　1.3.1　マネジメントシステム規格整合化問題の経緯…………17
　　1.3.2　MSS 共通要求事項の概要…………………………………25
　　1.3.3　附属書 SL の適用ルール……………………………………29
1.4　EMS の将来課題スタディグループの勧告………………………31
　　1.4.1　EMS の将来課題スタディグループ　設置の経緯………31
　　1.4.2　勧告内容と改訂指示書の採択………………………………32

第2章　ISO 14001：2015 の概要………………………………………35
2.1　改訂審議の経緯……………………………………………………35
2.2　ISO 14001：2015 の要求事項のポイント………………………40

　箇条4　組織の状況………………………………………………42
　　4.1　組織及びその状況の理解……………………………………42
　　4.2　利害関係者のニーズ及び期待の理解………………………43
　　4.3　EMS の適用範囲の決定………………………………………44
　　4.4　環境マネジメントシステム…………………………………45
　箇条5　リーダーシップ…………………………………………46
　　5.1　リーダーシップ及びコミットメント………………………46
　　5.2　環境方針………………………………………………………48
　　5.3　組織の役割，責任及び権限…………………………………50
　箇条6　計　　　画………………………………………………51

6.1　リスク及び機会への取組み ……………………………………………………… 51
　　　　6.1.1　一　　般 ………………………………………………………………… 51
　　　　6.1.2　環境側面 ………………………………………………………………… 53
　　　　6.1.3　順守義務 ………………………………………………………………… 54
　　　　6.1.4　取組みの計画策定 ……………………………………………………… 55
　　6.2　環境目標及びそれを達成するための計画策定 ………………………………… 57
　　　　6.2.1　環境目標 ………………………………………………………………… 57
　　　　6.2.2　環境目標を達成するための取組みの計画策定 …………………… 59
箇条7　支　　　援 ………………………………………………………………………… 60
　　7.1　資　　源 …………………………………………………………………………… 60
　　7.2　力　　量 …………………………………………………………………………… 60
　　7.3　認　　識 …………………………………………………………………………… 61
　　7.4　コミュニケーション ……………………………………………………………… 63
　　　　7.4.1　一　　般 ………………………………………………………………… 63
　　　　7.4.2　内部コミュニケーション ……………………………………………… 64
　　　　7.4.3　外部コミュニケーション ……………………………………………… 65
　　7.5　文書化した情報 …………………………………………………………………… 65
　　　　7.5.1　一　　般 ………………………………………………………………… 65
　　　　7.5.2　作成及び更新 …………………………………………………………… 65
　　　　7.5.3　文書化した情報の管理 ………………………………………………… 65
箇条8　運　　　用 ………………………………………………………………………… 66
　　8.1　運用の計画及び管理 ……………………………………………………………… 66
　　8.2　緊急事態への準備及び対応 ……………………………………………………… 69
箇条9　パフォーマンス評価 ……………………………………………………………… 70
　　9.1　監視，測定，分析及び評価 ……………………………………………………… 70
　　　　9.1.1　一　　般 ………………………………………………………………… 70
　　　　9.1.2　順守評価 ………………………………………………………………… 72
　　9.2　内部監査 …………………………………………………………………………… 73
　　　　9.2.1　一　　般 ………………………………………………………………… 73
　　　　9.2.2　内部監査プログラム …………………………………………………… 73
　　9.3　マネジメントレビュー …………………………………………………………… 74
箇条10　改　　　善 ………………………………………………………………………… 76
　　10.1　一　　般 ………………………………………………………………………… 76
　　10.2　不適合及び是正処置 …………………………………………………………… 76
　　10.3　継続的改善 ……………………………………………………………………… 77
　2.3　組織が考慮すべき主要な課題 ……………………………………………………… 78

第3章　ISO 14001：2015　実践のポイント 12 …………………… 79
3.1　組織の状況の理解 …………………………………………………… 79
3.1.1　組織の状況に関する要求事項の解説 ……………………………… 79
3.1.2　経営戦略策定の基本とその代表的手法の適用例 ………………… 84
3.2　環境に関する課題の拡大 …………………………………………… 89
3.2.1　環境に関する四つの課題 …………………………………………… 89
3.2.2　持続可能な開発と環境 ……………………………………………… 93
3.3　EMS の適用範囲の再考 ……………………………………………… 95
3.3.1　EMS の適用範囲に関する要求事項の変化 ………………………… 95
3.3.2　考慮すべき社会的動向 ……………………………………………… 97
3.4　リスク及び機会への取組み ………………………………………… 101
3.4.1　リスクに関する要求事項の意図 …………………………………… 101
3.4.2　2004 年版準拠の EMS からの移行アプローチ …………………… 108
3.4.3　リスクマネジメントの基本手法とその適用 ……………………… 110
3.4.4　リスク思考の事業プロセスへの統合 ……………………………… 114
3.5　環境パフォーマンスの重視 ………………………………………… 115
3.5.1　システムからパフォーマンスへ …………………………………… 115
3.5.2　環境パフォーマンスに関する要求事項の全体像 ………………… 119
3.5.3　環境パフォーマンス評価と指標 …………………………………… 123
3.6　プロセスとその相互作用 …………………………………………… 126
3.6.1　手順からプロセスへ ………………………………………………… 126
3.6.2　プロセスとは ………………………………………………………… 127
3.6.3　プロセスの可視化 …………………………………………………… 131
3.6.4　プロセスの相互作用 ………………………………………………… 134
3.6.5　プロセスの有効性評価 ……………………………………………… 135
3.6.6　EMS へのプロセス概念の適用 ……………………………………… 138
3.7　事業プロセスへの統合 ……………………………………………… 139
3.7.1　新たな要求事項とその背景 ………………………………………… 139
3.7.2　事業プロセスとは …………………………………………………… 142
3.7.3　事業プロセスへの統合とは ………………………………………… 144
3.7.4　事業プロセスへの統合の進め方 …………………………………… 149
3.8　経営者の責任 ………………………………………………………… 151
3.8.1　経営者の責任に関する要求事項の意図 …………………………… 151
3.8.2　説明責任の重要性 …………………………………………………… 155
3.8.3　マネジメントレビューの活用による改訂 EMS への移行 ………… 158

3.9　コミュニケーション ……………………………………………………… 159
　3.9.1　コミュニケーションに関する要求事項の解説 ………………… 159
　3.9.2　順守義務による環境コミュニケーション ……………………… 164
　3.9.3　環境コミュニケーションの注意事項 …………………………… 165
3.10　文書化した情報 …………………………………………………………… 168
　3.10.1　文書化した情報とは ……………………………………………… 168
　3.10.2　EMS 関連情報の IT 化 …………………………………………… 170
　3.10.3　文書化した情報の概念の活用 …………………………………… 172
3.11　ライフサイクル思考 ……………………………………………………… 175
　3.11.1　ライフサイクル思考に関する要求事項の解説 ………………… 175
　3.11.2　ライフサイクル思考の必要性 …………………………………… 180
　3.11.3　ライフサイクル思考適用の実務 ………………………………… 185
3.12　順守義務の履行 …………………………………………………………… 190
　3.12.1　順守義務の履行に関する要求事項の解説 ……………………… 190
　3.12.2　EMS における法令順守のあり方 ……………………………… 193
　3.12.3　自主的に選択した義務の順守 …………………………………… 197

索　　引　　201

第1章 ISO 14001 改訂の背景と目的

1.1　ISO 14001 開発の目的

　環境マネジメントシステム（EMS：Environmental Management System）の国際規格 ISO 14001 は，1993 年に開発作業が始まり 1996 年に初版が発行された．開発着手から既に 20 年を超え，初版発行と企業での適用が始まって 15 年以上が経過した．当初から規格開発に携わった人々や，企業で初めて EMS の構築を推進した人々，その認証審査を行った人々は既にほとんど退任し，2 代目，3 代目へと世代交代が進んでいる．時間の経過の中で規格開発の意図や当初の熱気が徐々に風化し忘れられてゆくのは致し方ないことであろう．しかし，今回の全面抜本大改訂に対処するうえで，ISO 14001 とはそもそも何を目的として開発されたのか，改めてその原点を確認しておく必要があるだろう．

　ISO 14001 は産業界が自ら必要不可欠な規格であるとして開発を主導したものである．外圧で策定され，仕方なく対応するという受け身のものではない．この基本的認識は今後とも決して忘れられてはならない．

　かつての公害問題に対しては，特定の汚染源に対する法的規制によって有効に対応できた．現在の地球環境問題は，エネルギーや資源の利用が自然環境の許容限度を超えたことが主たる原因であるが，世界中の消費者，すなわち一般市民の生活に深くかかわっており，製造業だけでなく，小売業や輸送，通信などのサービス業に至るまで全ての企業・組織が問題の原因に関与している．

　このような問題に法規制だけで対応することは不可能である．活力ある市場経済システムを維持するためにも過度の規制を排除し，自主的な環境配慮の取組みが競争優位につながるような仕組みを確立することで，持続可能な社会に

移行していくことが最も望ましい姿である．

　このような背景から，1992 年にリオデジャネイロで開催された国連の地球サミットにおいて，世界の環境優良企業のフォーラムである持続可能な開発のための経済人会議（BCSD）が環境マネジメントのための国際規格化の必要性を提言した．それを国際標準化機構（ISO：International Organization for Standardization）が受ける形で，1993 年に環境マネジメントのためのシステムやツールの国際標準を開発する専門委員会である TC207 が設置された．TC207 の中の第一分科会（SC1）が，環境マネジメントシステムの規格開発を担当した．

　ISO 14001 初版の内容が事実上確定したのは，7 回の作業会合（WG）を経て国際規格案（DIS）の合意が成立した，1995 年 6 月の第 3 回 TC207/SC1 オスロ会合であった．なお DIS はその後圧倒的多数で承認され，オスロ以降は会合をもつことなく 1996 年 9 月に国際規格として発行された．

　20 年以上にわたり ISO 14001 の規格開発及び改訂作業に携わってきた筆者にとって最も印象に残っていることは，オスロ会合のレセプションでの当時のノルウェー首相ブルントラント女史のスピーチである．ブルントラント首相は，1987 年，国連の"環境と開発に関する世界委員会"の委員長として"Our Common Future（邦題：地球の未来を守るために）"を取りまとめ，"持続可能な開発"の理念を確立した人物である．彼女はスピーチで次のように述べた．

　あなた方の努力は真の進歩を目指すべきで，時代遅れの考えを固定化することであってはなりません．我々の共通の関心事は産業界の環境パフォーマンスを不断に改善することで，産業界はその道を指図されたくなければ自ら先導しなければなりません．さらに皆さんは主導権を確保するためには急がなくてはなりません．規制は割高となることがあります．それでも進歩があまりにも遅いようなら規制が必要とされるでしょう．

1.1 ISO 14001 開発の目的

冒頭の"あなた方"というよびかけはTC207会合への各国からの参加者を指しており,"産業界"が中心メンバーであるとの認識で語られていることがわかる.産業界が早急に自主的な取組みの基盤となる先進的な規格を策定することに期待を表明し,産業界がそれに失敗すれば,非効率な規制を導入せざるを得なくなることを指摘している.

TC207設立以降,我が国の産業界も経団連（日本経済団体連合会）地球環境部会の下に専門ワーキンググループを設置し,国内での議論を深めるとともに国際会議への代表委員（ISOではエキスパートとよばれる）を産業界から多数派遣し,その費用負担も含めて全面的な支援を行ってきた.

1996年7月,ISO 14001の初版発行の2か月前,経団連は"経団連環境アピール ―21世紀の環境保全に向けた経済界の自主行動宣言―"を公表した[*1].
表1.1にその構成を示す.

表1.1 "経団連環境アピール"の構成

経団連環境アピール
―21世紀の環境保全に向けた経済界の自主行動宣言―
　　　　　　　　　　　　　　　　　　　　1996年7月16日
　　　　　　　　　　　　　　　　　　（社）日本経済団体連合会

（前文）

記

1. 地球温暖化対策

1. 循環型経済社会の構築

1. 環境管理システムの構築と環境監査

1. 海外事業展開にあたっての環境配慮

以　上

この中で"環境管理システムの構築と環境監査"というテーマが4大テーマの一つとして明記され，次のように述べられている．

> **1. 環境管理システムの構築と環境監査**
> 　環境問題に対する自主的な取り組みと継続的な改善を担保するものとして，環境管理システムを構築し，これを着実に運用するため内部監査を行う．さらに，今秋制定されるISOの環境管理・監査規格は，その策定にあたって日本の経済界が積極的に貢献してきたものであり，製造業・非製造業問わず，有力な手段としてその活用を図る．

　経団連は京都議定書による我が国の削減義務に貢献するため，1997年から温室効果ガス削減の自主行動計画を発足させ，自主的な取組みを実行する仕組みとしてISO 14001を位置付けている．経団連の環境アピールに呼応する形で，我が国の大企業でのISO 14001導入が急速に進んだのである．経団連によるTC207への支援体制は1999年まで継続した．

　もう一つ忘れてはならないのは，ISO規格というものはいずれも自由貿易を促進するために，貿易に対する技術的障壁の排除が基本的な使命の一つとなっており，ISO 14001も例外ではないことである．1993年頃，イギリスをはじめいくつかの国でEMSの国家規格制定の動きがあり，EUとしても環境管理・監査スキームの制度（EMASという）をEU規則として制定し，環境マネジメントシステム（EMS）の企業への普及拡大を図ることを目指していた．国や地域によってばらばらなEMSの要求事項が乱立すれば，多国籍企業は国によって個別の対応を求められ，また要求事項の違いは技術的な貿易障壁となることも懸念されていた．このような背景から，産業界は自らEMSの国際規格化を推進したのである．

---

*1　文書の全文は，一般社団法人日本経済団体連合会のウェブサイトに掲載されている（執筆時現在）．

ISO 14001 には認証制度がある．EMS に関する唯一の国際規格に対する認証制度であれば，国際的な相互承認によって技術的な貿易障壁は回避できる．

ここで，ISO 規格に対する認証の意味と意義についても再認識しておく必要がある．近年，環太平洋戦略的経済連携協定（TPP）やその他地域との自由貿易協定の話し合いが進んでいる．第二の開国といわれるように，我が国は今後本格的なグローバル化の渦中に投げ込まれていく．"ガラパゴス○○"といわれるような，日本国内でしか通用しない考え方や技術，制度，法律も世界標準に合わせていかなければ，我が国の経済や社会は立ちゆかない．

本書では，ISO 14001:2015 への対応で特に重要な 12 のポイントについて説明していくが，個々のポイントとその技術論の前に，これまで述べてきた，ISO 14001 とはそもそも何のための規格なのか，その認証にはどういう意味があるのかという原点に，まずは立ち戻ってからスタートしていただきたい．

1.2　ISO 14001 改訂の経緯

表 1.2 に ISO 14001 の開発及びその後の改訂の経緯を示す．

ISO 14001 は，2004 年に 1996 年版の要求事項の明確化と品質マネジメントシステム（QMS）の規格である ISO 9001 との整合性の向上に目的を限定した，マイナー改訂が行われた．この 2004 年改訂では新しい要求事項の追加は一切なく，要求事項は基本的に 1996 年版から変わっていない．つまり，現在認証用途で使用されている全てのマネジメントシステム規格（MSS：Management System Standards）の中で，ISO 14001 は最古のものといえる．

確かに ISO 9001 は 1987 年に初版が発行され 1994 年に最初の改訂が行われたが，この時点での規格の標題は"品質システム—設計，開発，生産，設置及びサービスの品質保証のためのモデル"であり，"マネジメントシステム"という用語は使用されていない．2000 年に"プロセスアプローチ"と ISO 14001:1996 に導入された PDCA モデルを採用した全面的な改訂が行われ，この時点で標題が"品質マネジメントシステム—要求事項"に変わり，EMS

表 1.2 ISO 14001 開発及び改訂の経緯

1993年6月	TC207/SC1 設置
1993年11月	ISO 14001 開発着手
1996年9月	**ISO 14001：1996 発行**
1996年10月	JIS Q 14001：1996 発行
1998年12月	定期見直し →改訂
2000年6月	ISO 14001：1996 改訂を決議
2000年11月	ISO 14001：1996 改訂作業着手
2004年11月	**ISO 14001：2004 発行**
2004年12月	JIS Q 14001：2004 発行
2008年1月	定期見直し →確認（改訂せず）
2008年6月	EMS 将来課題研究グループ設置
2010年7月	EMS 将来課題研究グループ報告承認
2011年6月	ISO 14001：2004 改訂を決議
2011年8月〜11月	改訂に関する新業務項目提案投票 →可決
2012年2月	ISO 14001：2004 改訂着手

注：2015 年改訂審議の経緯は，表 2.1 に示す．

に続く2番目のマネジメントシステム規格となったのである．

　ISO 14001 が最古のマネジメントシステム規格であるということは，本書 1.3 節で解説するマネジメントシステム規格の共通要求事項［以下，（MSS）共通要求事項］を基盤とした今回の改訂の及ぼす影響が ISO 9001 に比べて大きく，組織の対応もそれだけ大幅なものになることを意味している．

　2004 年版の発行から 3 年が経過した 2008 年には，ISO のルールに基づいて"定期見直し"が実施された．"定期見直し"とは，規格の内容が陳腐化してニーズからかい（乖）離していないか，引き続き有用かどうかをチェックするメカニズムで，この当時は新規発行もしくは改訂後の初回見直しは 3 年後，以降は 5 年ごとと定められていた（現在は一律 5 年）．

　2008 年時点でも組織をとりまく環境課題は 1990 年代から大きく変化しており，ISO 14001 の要求事項についても再考すべきとの認識は広まっていた

ものの，既に MSS 共通要求事項の開発が進んでいたため，その完成を待ってから改訂したほうが得策であるとして，定期見直しの結果は"確認"（改訂せずそのまま継続）となった．

改訂は見送りとなったが，次期改訂にあたって考慮すべき課題の抽出と整理を目的として，SC1 の中に"EMS の将来課題スタディグループ"が設置され，2010 年の SC1 総会で報告書が提出された．この報告書が 2015 年改訂ではきわめて大きな影響を与えることになった（本書 1.4 節参照）．

ISO 全体としては，2005 年秋に情報セキュリティマネジメントシステムの国際規格である ISO/IEC 27001 や，食品安全マネジメントシステムの国際規格である ISO 22000 が発行され，マネジメントシステム規格が品質，環境から多様な分野に広がりをもちはじめた．こうした動向に対処するため，ISO 全般の戦略・行政を所管する技術管理評議会（TMB：Technical Management Board）の主導によって MSS 共通要求事項及び共通用語の定義の開発が推進され，2011 年末には ISO 加盟国投票を経て内容が確定した（本書 1.3 節参照）．

それらの開発が最終段階に入った 2011 年 6 月，TC207/SC1 はオスロ総会[*2]で ISO 14001：2004 の改訂の枠組みを定めるマンデート（指示書）を採択し，正式な改訂プロセス（新業務項目提案：NWIP, New Work Item Proposal）に入ることを決議した．

採択されたマンデートは，次のような内容である．

> ISO 14001 改訂マンデート
> 1　改訂は，技術管理評議会（TMB）が承認したマネジメントシステム規格のための上位構造及びその共通テキスト，共通用語及び中核となる定義に基づかなければならない．
> 2　改訂は，TC207/SC1 "EMS の将来課題研究グループ"の最終報告を考慮しなければならない．

[*2]　オスロでの総会開催は 1995 年に続き 2 度目であった．

3 改訂は，ISO 14001:2004 の基本原理の維持と改善，及びその要求事項の保持と改善を確実にしなければならない．

オスロ総会決議を受けて，ISO 14001 改訂に関する NWIP がマンデートを添付して各国に回付され，2011 年 8 月 1 日から同年 11 月 1 日までの期間で投票に付された．この結果，NWIP は反対なしで可決された．ISO 14004 の改訂についても同様に NWIP が可決された．2015 年改訂は 2 回目の改訂であるが，実質的には初の全面的大改訂といえる．

1996 年の初版の開発及び 2004 年改訂は，TC207/SC1 の下に ISO 14001 対応として WG1 を，ISO 14004 対応として WG2 をそれぞれ設置して実施され，2004 年改訂の終了とともに両グループは解散された．そして今回，2 度目の改訂作業のために WG5 と WG6 が新たに設置されたのである．

図 1.1 に示すように，ISO 14001 を担当する WG1 の主査は従来フランスが，事務局はイギリスが担当してきたが，2015 年改訂では WG5 の主査にアメリカのスーザン・ブリッグス（企業所属，女性）が選出され，事務局は英国規格協会（BSI：British Standards Institution）とドイツ規格協会（DIN：Deutsches

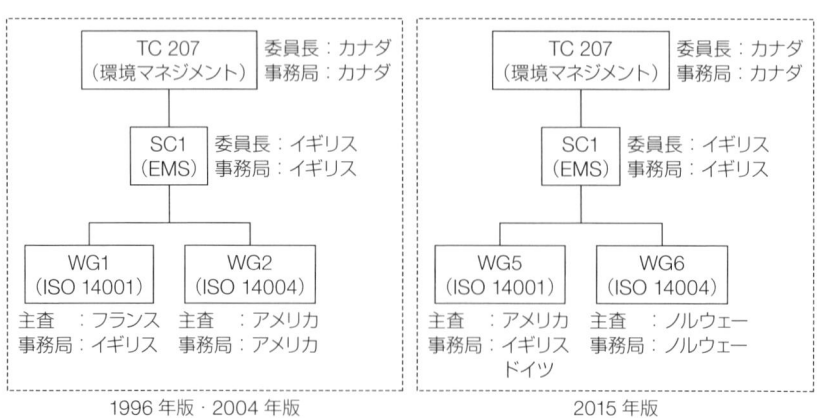

図 1.1　ISO 14001 の開発体制

Institut für Normung) が共同で務める体制となった.

WG5 は 2012 年 2 月にベルリンのドイツ規格協会本部で第 1 回 WG 会合を開催し, ここに改訂作業がスタートしたのである.

1.3 マネジメントシステム規格の整合化

1.3.1 マネジメントシステム規格整合化問題の経緯

この項では, マネジメントシステム規格の整合化問題の経緯を概説する. ISO での 20 年以上にわたるマネジメントシステム規格整合化に向けての歩みを知る人は少ない. 筆者はこの課題に当初より深くかかわってきたので, この機会に最低限の記録として残しておきたい.

何事も経緯を知ることは, 成果の正しい理解に役立つものだが, 興味のない読者は本項をスキップしていただいてもよい.

表 1.3 に整合化問題の年表を示す. 以下, この表に沿って簡単に紹介する.

1993 年 6 月に ISO/TC207 が設立された当初から, 品質管理の規格を所管する TC176 との調整のため, 両委員会の間で合同調整グループ (JCG：Joint Coordination Group) が設置されていた. ISO 14001：1996 の策定時には, ISO 9001 (1987 年版及び 1994 年改訂版) を多少は参考にしたものの整合化は特に問題にならず, JCG は実質的には機能していなかった.

整合化問題が顕在化しはじめたのは, ISO 9001 を品質保証の規格から品質マネジメントシステム規格 (QMS) に転換する改訂作業がスタートした 1997 年頃からである. 整合化の必要性はマネジメントシステム規格だけでなく監査, 用語までを含むもので, このための実務組織が JCG の下部組織として設立された. **図 1.2** に TC176 と TC207 間の整合化推進体制を示す. EMS と QMS の整合化を担当する合同タスクグループ (JTG：Joint Task Group), 監査規格担当の共通研究グループ (CSG：Common Study Group), 用語担当の合同諮問グループ (JAG：Joint Advisory Group) の三つの組織が JCG の下に設

表 1.3　マネジメントシステム規格整合化に関する検討の経緯

1993年6月	TC207設立，TC176とJCG（合同調整グループ）設置
1997年4月	TC207とTC176間で整合化推進実務組織を設置し，整合化作業開始
1997年6月～12月	TMB/TAG 12設置，TC176とTC207の整合化戦略の検討
1998年6月	TMB/TAG 12報告に基づきISO 9001とISO 14001の整合化を指示，TMB/SIG設置
2001年6月	ISOガイド72（MSSの正当性及び作成に関する指針）
2004年1月	・TMBがQMSとEMSの次期改訂に向けた共同ビジョン策定を指示 ・MSSの将来戦略検討グループをTMBに設置
2004年11月	TC176-TC207共同ビジョン案　策定開始
2005年9月	共同ビジョン案　TC176，TC207で合意
2006年2月	MSSの将来戦略検討グループ　TMBに報告提出 JCG/JTG，SIG廃止，MSS/SAG，JTCG設置
2007年1月	JTCG初会合
2008年7月	ISOハンドブック"マネジメントシステム規格の統合的な利用"発行
2010年2月	TMBが上位構造を承認，テキストの年内策定を指示
2011年2月	TMBが共通要求事項承認，D（ドラフト）ガイド83として承認手続き（投票）を決定
2011年5月～9月	Dガイド83投票・可決
2012年2月	TMBがDガイド83承認，専門業務用指針への組込みを決議
2012年4月	附属書SL公開
2014年5月	附属書SLに関するFAQ，コンセプト文書公開

注：表中の略称の正式名称は以下のとおり．
TMB：Technical Management Board（技術管理評議会）
TAG：Technical Advisory Group（技術諮問グループ）
SIG：Strategy Implementation Group（戦略実践グループ）
JCG：Joint Coordination Group（合同調整グループ）
JTG：Joint Task Group（合同タスクグループ）
MSS/SAG：Management System Standard / Strategy Advisory Group
　　　　　（マネジメントシステム規格／戦略諮問グループ）
JTCG：Joint Technical Coordination Group（合同技術調整グループ）

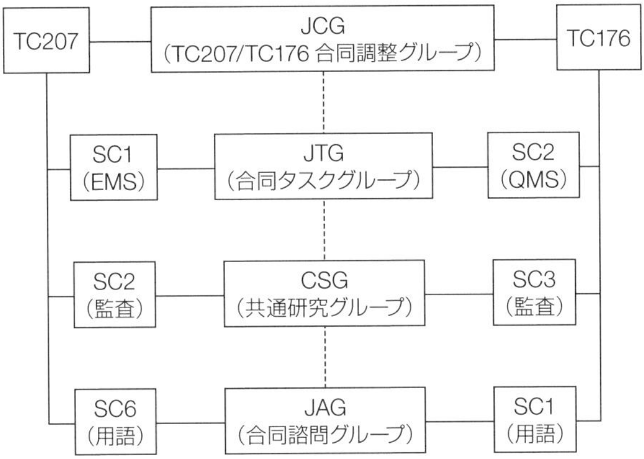

1.3 マネジメントシステム規格の整合化

```
TC207 ── JCG ── TC176
         (TC207/TC176合同調整グループ)

SC1 ── JTG ── SC2
(EMS) (合同タスクグループ) (QMS)

SC2 ── CSG ── SC3
(監査) (共通研究グループ) (監査)

SC6 ── JAG ── SC1
(用語) (合同諮問グループ) (用語)
```

図 1.2 TC207 と TC176 間の整合化推進体制

置され，ISO 9001 の 2000 年改訂に向けて活動が進められた．

一方，ISO の戦略・運営を統括する技術管理評議会（TMB）は品質と環境管理規格の整合化戦略を検討する技術諮問委員会である TAG（Technical Adivisory Group）12 を 1997 年初頭に設置し，規格ユーザのニーズを評価し EMS と QMS 規格の整合化を実現する戦略計画について諮問した．TAG 12 は，TC176/207 の JCG メンバーと TMB が指名するユーザ代表 4 名（筆者も参画），ISO/CASCO（適合性評価委員会）及び COPOLCO（消費者委員会）の代表各 1 名から構成された．TAG 12 は 1997 年末に TMB に対する勧告を取りまとめた．

勧告では，QMS と EMS は両立性（compatiblity）を確保したうえで可能な限り整合（alignment）させることとされた．品質監査と環境監査の規格は統合（integration）することが望ましいとされた．両立性とは"矛盾・齟齬がないこと"を，整合とは"規格の構造（目次構成，共通化可能な要求事項のテキスト）を合致させること"を意味している（TAG 12 報告でこれらの用語は定義されている）．TAG 12 の勧告を受けて，TMB は 1998 年の定例会合でISO 9001 と ISO 14001 の整合化の推進を決議し，さらに，整合化戦略の実行

を監視・評価する戦略実践グループ（SIG：Strategies Implementation Group）を設置した．SIG にも世界の主要地域から，筆者を含む 6 名のユーザ代表が参画した．

こうして，ISO 9001 の 2000 年改訂から ISO 14001 の 2004 年改訂に至るまで TC176 と TC207 の整合化が推進された．しかし，1990 年代末頃から QMS，EMS 以外の分野でのマネジメントシステム規格策定の動きが顕在化してきたため，2001 年に TMB ではマネジメントシステム規格の安易な増殖を防ぐ目的で，新たにこれを策定する場合にマネジメントシステム規格間の整合化に配慮することを求める指針である"ISO ガイド 72（マネジメントシステム規格の正当性及び作成に関する指針）"を策定した．

ガイド 72 は新たなマネジメントシステム規格の策定を計画する際，その必要性や妥当性について事前に評価することを義務付けるとともに，マネジメントシステム規格を構成する共通要素を附属書 B として提示し（後出の図 1.5 参照），開発時に参照することを推奨している．ガイド 72 に強制力はないが，その存在により，以降開発されるマネジメントシステム規格の構造は一定の類似性をもつことになった．

整合化問題の重要性がより認識されるようになる一方で，ISO 14001:2004 と ISO 9001:2000 の整合化の成果は十分とはいえず，2004 年 1 月に TMB は，QMS と EMS の次期改訂に向けて一層の整合化を実現するための共同ビジョンと戦略の策定を TC176 と TC207 に指示する決議を採択した．同時に，その増殖動向を踏まえたマネジメントシステム規格の将来戦略を検討するグループ（Ad Hoc Group on MSS）を TMB の傘下に設置した．

TMB の指示を受けて，TC176 と TC207 は JCG 及び JTG の活動を再開し，共同ビジョンの策定作業を開始した．2005 年秋には両 TC において，次期改訂では規格の章立てや共通テキストを採用して整合化を図る趣旨の共同ビジョンが合意され，改訂規格の発行も同時とする計画も合意された．この時点の計画では，既定の ISO 9001 の 2008 年追補改訂版発行までに"共通目次・共通テキスト"を完成させ，2008 年 ISO 9001 の追補改訂版発行とともに ISO

1.3 マネジメントシステム規格の整合化

9001 と ISO 14001 の抜本改訂に着手し，2012 年に両規格の改訂版を同時発行するという野心的な構想があった．

ところが翌 2006 年 2 月，将来戦略検討グループは TMB に報告書を提出し，この中でマネジメントシステム規格の整合化は環境と品質だけで推進するよりも，全ての MSS を包含した体制で推進すべきであると勧告した．TMB は勧告を受けて直ちにこれを承認し，TC176 と TC207 に対して JCG/JTG の活動中止を指示するとともに，計画中のものを含む全てのマネジメントシステム規格の関係委員会（2006 年 2 月時点では，環境，品質に加え，食品安全，情報セキュリティの各マネジメントシステム規格が発行済）の委員長及びセクレタリー（国際幹事）をメンバーとする合同技術調整グループ（JTCG：Joint Technical Coordination Group）の設置を決議した．SIG もこれによって解散された．

JTCG の構成を図 1.3 に示す．JTCG の発足後は，新たな分野でマネジメントシステム規格の策定が決定すれば，その所管委員会はメンバーに加わることが求められるため，メンバーは年々増えている状況にある．JTCG は 2007 年

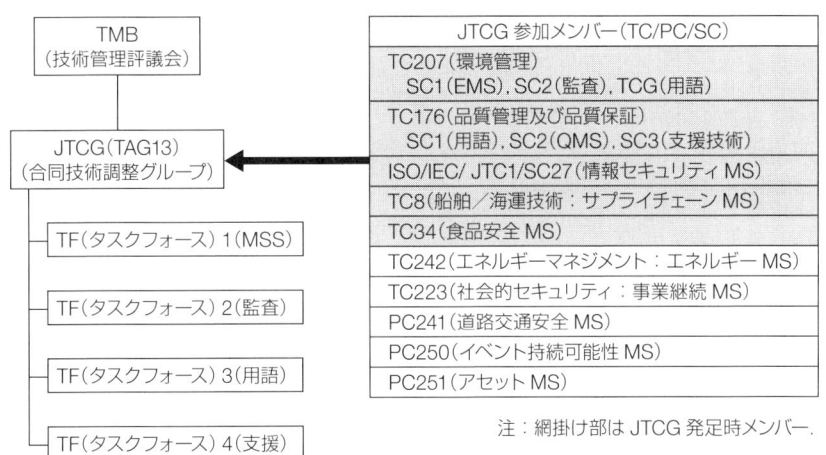

図 1.3　JTCG の構成

1月に初会合を開催し，JCG から共同ビジョンと上位構造（目次の章立て）案を受け継いで検討を開始した．このような経緯に加え，市場での ISO 9001 と ISO 14001 の認証取得組織数が新分野のマネジメントシステム規格と比べて圧倒的多数を占めることから，JTCG の審議はほとんど TC176 と TC207 の主導で進行した．

蛇足であるが，2008 年に ISO は"マネジメントシステム規格の統合的利用 (Integrated Use of MSS)"というハンドブックを発行している．これも TMB が 2004 年に決議して執筆されたもので，複数のマネジメントシステム規格を組織が採用する時のガイダンスと事例を記載している．この本で示されているのは，マネジメントシステム規格の要求事項を組織の事業プロセスに組み込んでいく方法論であり，マネジメントシステム規格の統合化（統合認証）ではなく，事業プロセスへの統合である．この考え方は後述する MSS 共通要求事項の中に反映されている．

図 1.4 に JTCG が策定した共同ビジョンを，図 1.5 に上位構造［規格の共通の章立て．High Level Structure（HLS）ともいう］を示す．いずれも 2005 年に JCG が策定し，TC176 と TC207 で合意された内容に酷似しているが，これは両 TC の主導で策定されたのだからもっともである．

共同ビジョンと上位構造は 2010 年 2 月の TMB 会合で承認され，これに沿って TMB は共通要求事項と共通用語のテキストを 2010 年末までに策定するよう JTCG に指示する決議を採択した．この決議を受けて JTCG は作業を加速し，2010 年 10 月に最終案が策定された．2011 年 2 月の TMB 会合で JTCG による共通要求事項及び用語の定義のテキストが承認され，同時にこれらを ISO D（ドラフト）ガイド 83 として ISO 加盟国投票に付すことが決議された．

ISO D ガイド 83 は 2011 年 5 月から 9 月までの 4 か月間投票に付され，僅差で可決された．投票とともに各国から提出されたコメントを踏まえて JTCG はテキストを修正し，2012 年 2 月の TMB 会合で ISO D ガイド 83 が承認され内容が確定した．併せて TMB は，今後開発及び改訂される全てのマネジメントシステム規格に原則としてこの適用を義務付けることとし，ISO D ガイ

1.3 マネジメントシステム規格の整合化

TC176/207 JCG による共同ビジョン案（2005 年 5 月）

ISO 9001 と ISO 14001 の改訂は，次の事項の促進と現在の両立性のレベルの向上を追求し，整合化される．
— タイトル
— タイトルの順序
— テキスト及び定義

規格間の相違は，品質又は環境を運営管理する中での特別な相違が必要とされる部分についてのみ認められる．

JTCG による共同ビジョン（2008 年）

すべての ISO MSS は，次の事項の一致の促進を通じて整合し（align），既存の ISO MSS における両立性の現行水準について一層の向上を求めるものである．
— 箇条のタイトル
— 箇条のタイトルの順序
— テキスト
— 定義

規格間の相違は，個々の適用分野の運営管理において特別な相違が必要とされる部分についてのみ認められる．

図 1.4　MSS 整合化のための共同ビジョン

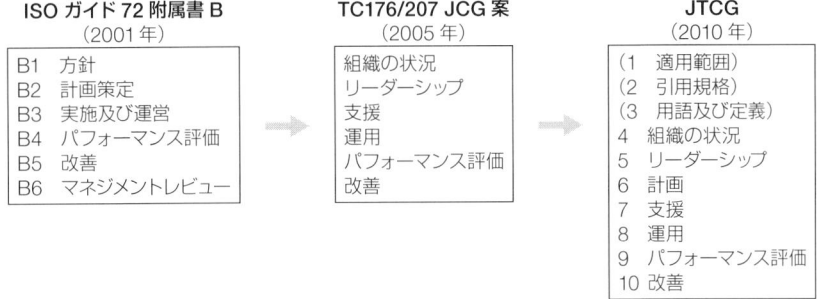

図 1.5　ISO MSS の上位構造（High Level Structure）の変遷

ド 83 を，先に述べた ISO ガイド 72（マネジメントシステム規格の正当性及び作成に関する指針）とともに"ISO/IEC 専門業務用指針・統合版 ISO 補足指針"の中に，附属書 SL として組み込むことを決議した．ISO ガイド 72 及び ISO D ガイド 83 はこの時点で消滅した．

ISO/IEC 専門業務用指針（ISO/IEC Directives）とは，ISO 及び IEC（International Electrotechnical Commission：国際電気標準会議）共通の国際規格策定のルールブックで，統合版 ISO 補足指針は ISO 専用ルールを補足する文書である．附属書 SL の"S"は補足指針（Supplement）の S で，"L"は附属書が A から始まって多数付加されている中でアルファベットの L 番目という意味でしかない．しかしその後"附属書 SL"は，MSS 共通要求事項と共通用語の定義及びその適用ルールを一括して表現する言葉として使用されるようになった．以降本書でも附属書 SL という表現を上記のような意味で使用する．

附属書 SL を包含した ISO/IEC 専門業務用指針・統合版 ISO 補足指針は，2012 年 4 月 30 日に ISO から一般公開され，その和英対訳版は日本規格協会のウェブサイトに無料で公開されている．

なお，附属書 SL の適用が義務付けられた 2012 年以降，事業継続マネジメントシステム（ISO 22301）や道路交通安全マネジメントシステム（ISO 39001）など，2014 年末現在で 5 種類の新たなマネジメントシステム規格が開発され，改訂規格では ISO/IEC 27001（情報セキュリティマネジメントシステム）が最も早く，2013 年 10 月に発行された．こうした適用実績を積み重ねる中で，附属書 SL のマイナーチェンジが継続的に実施されているので，発行済みのマネジメントシステム規格間でも発行時期によってマイナーな違いがある．ISO 14001:2015 は，2015 年版の附属書 SL に準拠している．

附属書 SL の本格的な見直しは，他の ISO 規格と同様に，発行から 5 年後となる 2017 年に行われる予定で，改訂が必要という結論になれば，2017 年以降に数年をかけて改訂作業を実施することになるだろう．

また，2013 年末に JTCG は附属書 SL に関する支援文書として，次の三つを策定した．

① 附属書 SL コンセプト文書
② FAQ（よくある質問）
③ 用語の手引

これらの文書は，マネジメントシステム規格の策定者のための指針であるが，そのユーザにとっても附属書 SL の内容を正しく理解するうえで参考になると思われる．

特に，①附属書 SL コンセプト文書では，用語の定義や共通要求事項の概念の説明と理解のための手引，例又は注釈が記載されており，参考になる．なお，このコンセプト文書の説明は，ISO 14001:2015 の附属書 A でも一部引用されている．原文は ISO のウェブサイトで附属書 SL の Appendix 3 にリンクアドレスが記載されており，そこから入手できる．邦訳版は，2014 年 10 月に日本規格協会のウェブサイト（規格開発情報—マネジメントシステム規格の整合化動向）で公開され，無料で閲覧及びダウンロードが可能である．

1.3.2 MSS 共通要求事項の概要

図 1.6 に ISO 14001:2015（EMS）や ISO 9001:2015（QMS），ISO/IEC 27001:2013（ISMS）などの規格構造を示す．

この図では ISO 14001 を点線の枠に囲って示しているが，共通要求事項と

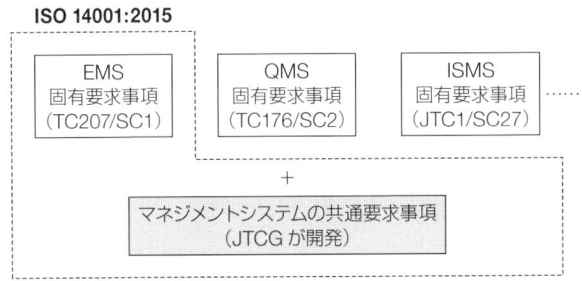

図 1.6　2012 年以降の ISO マネジメントシステム規格の構造

EMS固有要求事項を合わせたものがISO 14001:2015である．2012年に附属書SLが確定後新たに発行される又は改訂されるマネジメントシステム規格は，全て図1.6のような構造で統一されており，数年内にほぼ全てのISOマネジメントシステム規格は同じ構造で統一されるだろう．

表1.4に主なマネジメントシステム規格と附属書SLの適用状況を示す．また，附属書SL（2015年版）によるMSS共通要求事項の目次構成を表1.5に示す．序文から引用規格までは各規格が独自に記述する．箇条3の用語及び定義では，表1.6に示す21の用語が定義されている[*3]．

表1.4 主なマネジメントシステム規格と附属書SLの適用状況

（2015年11月末時点）

専門委員会	規格番号	規格の標題	状　況
TC207	ISO 14001	環境マネジメントシステム	2015年9月改訂版発行
TC176	ISO 9001	品質マネジメントシステム	2015年9月改訂版発行
TC34	ISO 22000	食品安全マネジメントシステム	改訂中
ISO/IEC/JTC1/SC27	ISO 27001	情報セキュリティマネジメントシステム	2013年10月改訂版発行
TC8	ISO 28000	サプライチェーンのセキュリティマネジメントシステム	2007年9月発行
TC242	ISO 50001	エネルギーマネジメントシステム	2011年6月発行
TC46	ISO 30301	レコードマネジメントシステム	2011年11月発行
TC223	ISO 22301	事業継続マネジメントシステム	2012年5月発行
PC241	ISO 39001	道路交通安全マネジメントシステム	2012年10月発行
PC250	ISO 20121	イベントの持続可能性マネジメントシステム	2012年6月発行
PC251	ISO 55001	アセットマネジメントシステム	2014年1月発行
PC283	ISO 45001	労働安全衛生マネジメントシステム	開発中

注：網掛け部の規格は附属書SLに未準拠．

[*3] なお，"箇条"は1のように番号一つで表す項目を，"細分箇条"は1.1, 1.1.1のように，箇条をさらに区分して番号を付けた項目をいう［参考として，JIS Z 8301:2008（規格票の様式及び作成方法）］．

表 1.5 MSS 共通要求事項の目次構成

序文 1　適用範囲 2　引用規格 3　用語及び定義 4　組織の状況 　4.1　組織及びその状況の理解 　4.2　利害関係者のニーズ及び期待の理解 　4.3　XXX マネジメントシステムの適用範囲の決定 　4.4　XXX マネジメントシステム 5　リーダシップ 　5.1　リーダシップ及びコミットメント 　5.2　方針 　5.3　組織の役割，責任及び権限 6　計画 　6.1　リスク及び機会への取組み 　6.2　XXX 目的（又は目標）及びそれを達するための計画策定	7　支援 　7.1　資源 　7.2　力量 　7.3　認識 　7.4　コミュニケーション 　7.5　文書化した情報 　　7.5.1　一般 　　7.5.2　作成及び更新 　　7.5.3　文書化した情報の管理 8　運用 　8.1　運用の計画及び管理 9　パフォーマンス評価 　9.1　監視，測定，分析及び評価 　9.2　内部監査 　9.3　マネジメントレビュー 10　改善 　10.1　不適合及び是正処置 　10.2　継続的改善

表 1.6 マネジメントシステム規格の共通用語

組織（organization） 利害関係者 　（interested party：推奨用語） 　（stakeholder：許容用語） 要求事項（requirement） マネジメントシステム 　（management system） トップマネジメント（top management） 有効性（effectiveness） 方針（policy） 目的（又は目標）（objective） リスク（risk） 力量（competence）	文書化した情報 　（documented information） プロセス（process） パフォーマンス（performance） アウトソース（outsource） 監視（monitoring） 測定（measurement） 監査（audit） 適合（conformity） 不適合（non-conformity） 是正処置（corrective action） 継続的改善（continual improvement）

細分箇条 6.2 のタイトルの"XXX 目的（又は目標）"と記載している箇所は，附属書 SL では"XXX objectives"と表記されているが，JIS 化に際しては分野別の規格ごとに"目的"又は"目標"のいずれをあててもよいこととされている．

ISO 14001：2015 では ISO 9001：2015 とともに"目標"という訳をあてることにしている．詳細な理由については，本書 2.2 節（ISO 14001：2015 の要求事項のポイント）を参照されたい．また，用語の定義については，その中で必要不可欠な用語に限定して説明する．

箇条 4〜10 が共通要求事項の部分で，各箇条のタイトルや順番は変えてはならない．また，2012 年以降に開発，改訂されるマネジメントシステム規格はすべてこの目次構成に従うこととされている．箇条 4〜10 のタイトルをみると，箇条 6（計画），箇条 8（運用），箇条 9（パフォーマンス評価），箇条 10（改善）とあり PDCA サイクルを基本としていることがわかる．

まず箇条 4（組織の状況）では，各マネジメントシステムを構築するにあたって考慮すべき，組織をとりまく外部の課題や内部の課題，利害関係者とそのニーズや期待を決定する．

箇条 5（リーダーシップ）は，当初は箇条 6（計画）と一体であったが，どのようなマネジメントシステムでもトップのリーダーシップが不可欠であるとして，独立した箇条となった．ここではトップのリーダーシップとコミットメントの実証が求められ，特に EMS などの分野別マネジメントシステムを組織のビジネスプロセスに組み込むことが求められる．

箇条 6（計画）では，分野ごとのリスク及び機会の決定と，リスク対応をマネジメントシステムのプロセスに組み込んで実施することが求められる．また，"XXX 目的（又は目標）"の設定とその達成計画の策定が求められている．

箇条 7（支援）は PDCA のいずれにも該当しないが，PDCA の運用をサポートするために必須の要素として資源，力量，認識，コミュニケーション，文書管理関係の要求事項がまとめて配置されている．

箇条 8（運用）では，規格要求事項及びリスクと機会に対応するためのプロセスの実施や，アウトソースしたプロセスの管理が要求される．

1.3　マネジメントシステム規格の整合化

箇条9（パフォーマンス評価）では，監視，測定とその分析及び評価の方法や時期の決定と実施，内部監査とマネジメントレビューが要求されている．

箇条10（改善）では，不適合及び是正処置について規定し，従来不適合及び是正処置とつなげて規定されていた予防処置が削除された．

附属書SLでは，予防処置は本来計画段階から考慮するもので，不適合及び是正処置との関連でのみ考慮されるべきものではないとして，箇条6（計画）の中で対応が規定されている．

共通要求事項を含むISO 14001：2015の要求事項については本書2.2節で解説し，さらに，要求事項の中で組織が特に考慮すべき12のポイントについて，個別のテーマごとに第3章で具体的な検討方法なども含めて詳しく解説する．

1.3.3　附属書SLの適用ルール

附属書SLは，"原則として，全てのマネジメントシステム規格は，使いやすく他のマネジメントシステム規格と両立性があるように，一貫した構造，共通のテキスト及び用語を使用しなければならない"と規定しており（ISO/TMB決議18/2012に基づく），"例外的な事情によって，マネジメントシステム規格に上位構造，共通の中核となるテキスト，並びに共通用語及び中核となる定義のいずれかが適用できない場合には，TC/PC/SCは，その根拠をISO/TMBの事務局を通じてISO/TMBに通知し，ISO/TMBで確認する必要がある"として非適用の回避に努めることを要求している．

附属書SLの規定内容への分野固有のテキストの追加については，次に示す規定がある．

- 追加の細分箇条（第2階層以降の細分箇条を含む）を，共通テキストの細分箇条の前又はその後に挿入し，それに従って箇条番号の振り直しを行う．

- 分野固有のテキストを共通の中核となるテキスト及び／又は共通用語・中核となる定義に，追加又は挿入する．追加の例を次に示す．
  a) 新たなビュレット項目の追加
  b) 要求事項を明確化するための，分野固有の説明テキスト（例えば，注記，例）の追加
  c) 共通テキストの中の細分箇条（等）への，分野固有の新たな段落の追加
  d) 共通テキストの要求事項を補強するテキストの追加

図 1.7 に分野固有のテキストの追加方法の図解を示す．

分野固有の細分箇条の追加はもちろん，附属書 SL の細分箇条の中で，附属

```
分野固有の細分箇条を追加する                    注：
  N.1 CCC                                    CCC：共通テキスト
  CCCC CC CCCCCCCC C CCC CCCCCCCC            DDD：分野固有テキスト
  CC CCCC CCC
  N.2 DDDDDD
  DDDD DDDDDDDDDDDDD DD
  DD DDDDDDD DDD
附属書 SL のテキストに分野固有のテキストを追加又は挿入する
  a) 新たなビュレット項目の追加
    （例）  CCCC CC CCCCCCCC C CCC CCCCCCCC
           ―DDD DD DDDDDDDD D
  b) 分野固有の説明テキスト（例えば，注記，例）の追加
    （例）  CCCC CC CCCCCCCC CCC CCCCCCCC
           注記：DDD D DDDDDDD DDD DDDDDDD
  c) 分野固有の新たな段落の追加
    （例）  CCCC CCC CCCCCCCCC
           CC CCCCCCC CCC
           DDDD DDD DDDDDDDDD
           DDD DDDDDDD DDD
  d) 附属書 SL の中の既存の要求事項を補強するテキストの追加
    （例）  CCCC CC CCCC C DDD CCC CCCCCCCC DDD DDDDDDD DDD
```

図 1.7　分野固有のテキストの追加方法の例

書SLのテキストに分野固有のテキストを追加するa）からc）までの方法であれば，少なくとも文章（センテンス）単位で，附属書SLで規定されるものと分野固有で追加したものが明確に分離できる．

しかしd）の方法で追加すると，一つの文章の中に附属書SLで規定される部分と，分野固有に追加した単語や，フレーズが混在することになり，結果的に他のマネジメントシステム規格での該当部分と違った文章になってしまう．一方でd）の利点は，文章を一体化することでユーザにとって理解しやすくなり，全体としての文章量を減らすことに貢献する．附属書SLと分野固有の要求事項を合体させるにあたって，どのような記述形式が望ましいか，ISO 14001改訂審議では激論が展開された．これについては第2章で具体的に紹介する．

1.4　EMSの将来課題スタディグループの勧告

1.4.1　EMSの将来課題スタディグループ　設置の経緯

EMSの将来課題スタディグループ（"Future Challenges for EMS" Study Group，以下"スタディグループ"）はTC207/SC1の2008年ボゴタ総会で設置が決議され，オランダ規格協会のディック・ホルテンシウス氏を主査とし，26か国，2機関（EC：欧州委員会，EFAEP：欧州環境専門家ネットワーク）から筆者を含め39名が参画した．

スタディグループは，2008年秋から電子メールで多様な意見を収集し，2009年のTC207/SC1カイロ総会で初会合を開催した．同会合では，課題を以下に示す11のテーマに分類して提言を取りまとめることに合意し，作業を進めた．

<EMSの将来課題スタディグループの検討テーマ>
1　持続可能な開発及び社会責任の一部としてのEMS

2	EMSと環境パフォーマンス（の改善）
3	EMSと法令及び外部利害関係者の要求の順守
4	EMSと全体（戦略的）ビジネスマネジメント
5	EMSと適合性評価
6	EMSと小組織での適用
7	EMSと製品サービスの（バリューチェーンでの）環境影響
8	EMSとステークホルダーエンゲージメント
9	EMSとパラレル又はサブシステム（セクター／側面）
10	EMSと外部コミュニケーション（製品情報を含む）
11	国際政治アジェンダの中でのEMSの位置付け

　スタディグループは2010年のTC207/SC1レオン総会で報告書の骨子について合意し，その結果がTC207/SC1総会において審議・了承された．レオン会合で出された意見を反映したスタディグループの最終報告書は2010年9月にSC1メンバーに回付された．

1.4.2　勧告内容と改訂指示書の採択

　スタディグループ報告書には，一般勧告（General Recommendations）と，11のテーマごとに課題の説明，分析，分析のまとめ，ISO 14001改訂に関する勧告（Recommendations），その他の勧告が記載されている．
　ISO 14001改訂に対する一般勧告としては，次の3点が記載されている．

＜一般勧告＞
・スタディグループが特定した全てのテーマはISO 14001の将来の適切性にとって重要事項で，本報告書の勧告を次期改訂において考慮するこ

1.4 EMS の将来課題スタディグループの勧告   33

とが望ましい．
- 新たな要求事項を導入する際は，先進組織のことだけを考えるのではなく，入門レベルの組織についても排除したり躊躇させることのないように策定されることが望ましい．要求事項の適用が徐々に広がるような，成熟度評価の適用について考慮されることが望ましい．
- 組織は，ISO 14001 のプロセスを自らの環境・ビジネスの優先順位と整合させる責任をもつことが望ましい．

　一般勧告に続いて，テーマ 1～11 に関する検討結果と改訂作業において考慮すべき事項が述べられており，改訂に対する勧告事項として**表 1.7** に示す 24 項目が提起された．

表 1.7 ISO 14001 改訂マンデート添付の EMS 将来課題スタディグループ勧告事項

〈ISO 14001 改訂に関する勧告〉
　新たな要求事項を導入する際は，先進組織のことだけを考えるのではなく，入門レベルの組織についても排除したり躊躇させることのないように設定する．
　要求事項の適用が徐々に広がるような，成熟度評価の適用について考慮する．
1. 組織は，ISO 14001 のプロセスを自らの環境・ビジネスの優先順位と整合させる責任をもつべき．
2. 以下の課題への考慮を強化する．
    a. 環境マネジメント／課題／パフォーマンスに関する透明性／説明責任
    b. バリューチェーンへの影響／責任
3. 環境マネジメントを持続可能な発展への貢献の中により明確に位置付ける．
4. 汚染の防止の概念を拡大／明確化する．
5. ISO 26000 の 6.5 の環境原則への対応を考慮する．
6. ISO 26000 と ISO 14001 の言葉の整合性を考慮する．
7. ISO 14001 の中で環境パフォーマンス（とその改善）の要求事項を明確化する．
8. ISO 14001 の 4.5.1 で環境パフォーマンス評価（指標の使用など）を強化する：これに関して，ISO 14031，ISO 50001 及び ISO 外の EMAS-Ⅲ，GRI などでのパフォーマンスの取扱い方法を考慮する．
9. ISO 14001 で法令順守を達成するアプローチ／メカニズムを明確に記述し伝達する．
10. 法令順守へのコミットメントを実証するという概念に対応する．
11. 組織の順守状況に関する知識及び理解を実証するという概念を含むことを考慮

する．
12. 環境マネジメントの戦略的考慮，組織にとっての便益と機会について，序文だけでなく要求事項の中で考慮する．
13. 環境マネジメントと組織の中核ビジネスとの関係，すなわち，製品及びサービスと利害関係者との相互作用について（戦略レベルで）強化する．
14. "組織の状況"に関する JTCG 共通テキストを，環境マネジメントと組織の全体戦略の間のリンクを強化することに使用する．
15. 新たな（戦略的）ビジネスマネジメントモデルの示唆を ISO 14001 に適用することを考慮する．
16. ISO 14001 の要求事項を明確に，あいまいさがないように記述する．
17. 必要な部分について，附属書 A で明確な指針を提供する．
18. シンプルでわかりやすい要求事項を記述／維持することで，ISO 14001 の中小企業への適用性を維持する．
19. CEN ガイド 72（中小企業のニーズを考慮した規格記述の指針）による指針を考慮する．
20. 製品及びサービスの環境側面の特定と評価において，ライフサイクル思考及びバリューチェーンの観点に対応する．
21. 組織の優先順位と整合して，環境に関する戦略的考慮，設計及び開発，購買，マーケット及び販売活動に関連する明確な要求事項／指針を含む．
22. JTCG 共通テキストに基づき，環境課題の特定，利害関係者との協議，コミュニケーションのためのより体系的なアプローチを導入する．
23. ISO 14001 の改訂は，コミュニケーションの目的，関連する利害関係者の特定，何をいつコミュニケーションするかの記述を含む外部コミュニケーション戦略を確立するための要求事項に対応する．
24. 外部の利害関係者に対する製品及びサービスの環境側面に関する情報について，附属書 A で指針を提供する．

　2010 年 9 月にスタディグループの最終報告書が回付された直後に，TC207/SC1 では ISO 14001 改訂の新業務項目提案（NWIP）のたたき台を策定するアドホックグループが設置され，改訂の枠組みを定める文書（マンデート）の草案が起草された．翌 2011 年 6 月のオスロ総会で，改訂決議とともにマンデートが採択され，今回の改訂プロセスが正式に動き出した．
　改訂マンデートの中で"EMS 将来課題研究グループ"の最終報告書の考慮が明記され，NWIP にはスタディグループの ISO 14001 改訂に関する勧告事項をリスト化した文書（表 1.7）が添付された．この文書を含めて NWIP が加盟国投票で反対なしで可決されたことによって，スタディグループの勧告事項は 2015 年改訂の内容にきわめて大きな影響を与えるものとなった．

第2章　ISO 14001:2015 の概要

2.1　改訂審議の経緯

　ISO 14001 の改訂とその担当ワーキンググループ（TC207/SC1/WG5）の設置が加盟国投票により正式に決定し（本書1.2節参照），WG5 の初会合が2012年2月にベルリンのドイツ規格協会（DIN）本部で開催された．初会合から改訂版発行までの審議の経緯を表 2.1 に示す．

　WG5 の初会合では，まず今後の改訂プロセスの"運営原則（Operational Principles）"が策定された（表 2.2）．"運営原則"は，改訂作業を通じて要所

表 2.1　ISO 14001 改訂審議の経緯

時　期	作業会合（WG）と開催場所	アウトプット
2012年2月	第1回WG：ベルリン（ドイツ）	運営原則，WD 1
6月	第2回WG：バンコク（タイ）	WD 2
9月	第3回WG：ロチェスター（アメリカ）	WD 3
2013年2月	第4回WG：ヨーテボリ（スウェーデン）	CD 1
6月	第5回WG：ガボローネ（ボツワナ）	中間文書
10月	第6回WG：ボゴタ（コロンビア）	CD 2
2014年2月	第7回WG：パドヴァ（イタリア）	中間文書
5月	第8回WG：パナマ市（パナマ）	DIS
2015年2月	第9回WG：東京	中間文書
4月	第10回WG：ロンドン（イギリス）	FDIS

注：
WD X：第X次作業原案（WD：Working Draft）
CD X：第X次委員会原案（CD：Committee Draft）
DIS：国際規格案（DIS：Draft International Standard）
FDIS：最終国際規格案（FDIS：Final Draft International Standard）

表 2.2　改訂プロセスの運営原則

改訂プロセスの運営原則（2012 年策定）
すべての課題への対処は，中小企業や途上国のユーザのニーズと影響を特に考慮することを含め，以下の事項に照らして検討する． **テキストに関して，** a)　容易性，明確性並びに透明性 b)　簡潔で冗長性を避ける c)　柔軟性並びに規格の使いやすさ d)　検証可能性 e)　規格の他の要素との両立性 **開発プロセスに関して，** a)　有効性と効率性（煩雑な手続きを増大しない） b)　透明性 c)　全ての箇条で，そのアウトプットと成果を明確にする d)　WG メンバーは個人や国のポジションの秘密性を維持する e)　ISO ルールに準拠し，WG 文書の配布の範囲を管理する f)　ISO 14001 改訂に関する提案は，各国標準化機関及びリエゾン組織を通す **結果に関して，** a)　規格の目的に合致する b)　ユーザに対するコストと資源配分の影響（プラス面並びにマイナス面） c)　環境マネジメントにおいてユーザに価値を提供する d)　各規格の特有の意図の違いを認識した ISO 9001 及びその他 MSS との両立性 e)　有効性を目指す（煩雑な手続きを増大しない）

要所で参照され，要求事項の肥大化に歯止めをかけ，文書化や手順の要求を必要最小限に抑制することに一定の役割を果たした．

改訂作業にあたっては，まず附属書 SL の共通要求事項に対する ISO 14001:2004 の要求事項との対応関係を検討して，両者の要求事項を統合したテキストを作成した．

続いて，スタディグループの勧告事項（表 1.7 参照）をどの細分箇条で反映させるかを審議し，個々の勧告事項ごとに審議すべき主たる細分箇条を割り当てた．こうして作成された文書を第一次作業原案（WD1）とすることが合意されて改訂作業がスタートした．図 2.1 に作業原案の作成プロセスを示す．

ISO 14001:2004 の要求事項と附属書 SL を統合する形式には，両者が明確に分離できるように記述する方式と，可能な限り統合して記述する形式がある

2.1 改訂審議の経緯

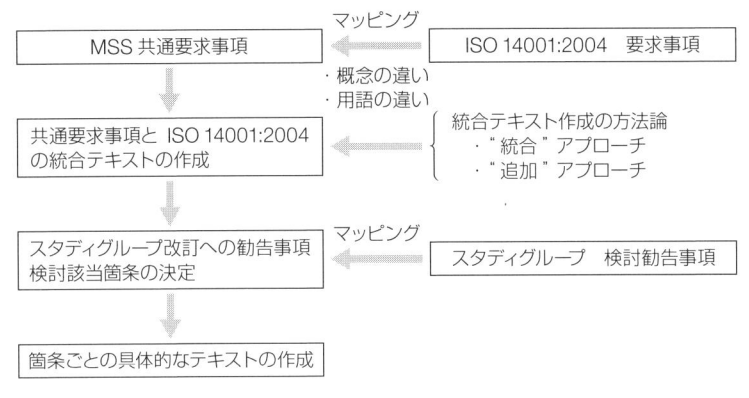

```
[MSS 共通要求事項] ──マッピング──→ [ISO 14001:2004 要求事項]
         │                    ・概念の違い
         ↓                    ・用語の違い
[共通要求事項と ISO 14001:2004  ←── 統合テキスト作成の方法論
  の統合テキストの作成]              ・"統合"アプローチ
         │                        ・"追加"アプローチ
         ↓
[スタディグループ改訂への勧告事項 ──マッピング──→ [スタディグループ 検討勧告事項]
  検討該当箇条の決定]
         │
         ↓
[箇条ごとの具体的なテキストの作成]
```

図 2.1 作業原案（WD）の作成プロセス

ことを本書 1.3.3 項（図 1.7）で説明したが，WG5 では前者を"追加アプローチ"，後者を"統合アプローチ"と称してどちらが好ましいか激論が交わされた．

結果として，ユーザの理解容易性と規格の簡素化のため"統合アプローチ"を主体に，細分箇条ごとに最適な形式とする柔軟な方針で進めることになった．本書では WG 会合ごとの議論の紹介は割愛するが，第 4 回会合で作業原案（WD）から委員会原案（CD）への移行が合意され，第一次委員会原案（CD1）が作成された．ISO の規格策定ルールでは，WD 段階では各国を代表して改訂 WG 会合に参加しているエキスパートの個人的な知見に基づいて議論が進められるが，CD 段階に入ると各国の対応委員会で合意したナショナルコメントの提出を求め，それに基づいて審議が行われる．

CD1 に対して各国から提出されたコメントは 1,282 件に達し，全てのコメントの審議を終えるのに 2 回の WG 会合（第 5 回及び第 6 回）を要した．

第 6 回 WG で CD1 に対するコメント審議結果に基づく第二次委員会原案（CD2）が作成された．CD2 は国際的な合意レベルを探る意図もあって，コメント収集だけでなく初めて各国の投票に付すこととした．CD2 に対する加盟国投票は，賛成：19，コメント付賛成：26，反対：6，棄権：5，で可決されたが，同時に提出された各国コメントは 1,588 件に達し，CD1 に対するコメ

ント数を上回るものとなった．

　CD2 に対するコメント審議にも 2 回の WG 会合（第 7 回及び第 8 回）を要し，第 8 回パナマ会合の最終日に国際規格案（DIS）への移行が承認された．DIS は，ISO のルールによって ISO 中央事務局から加盟国に回付され，投票に付される．DIS に対する投票では，賛成，反対，棄権のいずれかの立場を表明することが求められ，反対する場合は技術的理由を明記しなければならない．DIS 投票は，改訂作業に参画する諸国（P メンバー）の 3 分の 2 以上の賛成と，棄権を除く投票総数の 4 分の 1 以上の反対がないという二つの基準をクリアすれば可決（承認）される．

　DIS に対する加盟国投票の結果は，賛成：54，反対：5，棄権：7 で，P メンバーの賛成率 92％，反対票の投票総数に対する割合は 8％となり，可決された．

　DIS に対しては，各国から約 1,400 件のコメントが提出され，コメントを審議して最終国際規格案（FDIS）を起草する第 9 回 WG 会合が 2015 年 2 月 2 日〜7 日に東京で開催された．

　東京会合では，要求事項の箇条の中でコメントが多く，かつ，いまだに十分な共通理解が確立されていない"リスクと機会"の概念と，リスク関連の要求事項（箇条 6）に対するコメントの審議から入り，この部分の審議だけで 5 日を費やすこととなった．その後，箇条 4（組織の状況）の審議を行い，何とか 6 日間の日程で箇条 6 と箇条 4 及び関連する用語の定義に対する審議を終えたところで時間切れとなった．このため第 10 回 WG 会合を 4 月 20 日の週にロンドンで開催することになった．

　ロンドン会合では，東京会合で審議できなかった部分に対するコメントの審議を完了して，最終国際規格案（FDIS）が起草された．FDIS で改訂内容が確定するまでに 10 回の WG 会合を要したが，1996 年版（初版）開発時と 2004 年改訂では，いずれも 7 回の WG 会合で作業を完了している．さらに，WG 会合の 1 回あたりの日数が従来 3〜4 日であったものが，今回の改訂では 4〜5 日に伸びていることを勘案すれば，実質的にはこれまでの規格開発及び

2.1 改訂審議の経緯

改訂時の倍近い時間を要したことになる．今回ほぼ同時並行的に進められたISO 9001の改訂作業と比べてもやはり倍近い時間がかかっている．

ここまで長い審議時間を要した原因は，附属書SLで導入された"リスク"の概念と，従来の"著しい環境側面"の概念をいかに調和，あるいは統合するかに関する議論が延々と行われたことが大きく影響している．加えて，附属書SLをどこまで厳密に順守するか，プロセスと手順は何が違うのか，といったことも改訂審議を通じて最後まで議論が続いた．

遅々たる歩みではあったが，議論を積み重ねるうちに改訂内容に関する国際的な合意レベルは少しずつ向上していった．

FDISは，7月2日から9月2日までの2か月間の加盟国投票に付され，賛成：62，反対：1，棄権：5，で可決された．ISO 14001:2015は，2015年9月15日に発行され，その国際一致規格であるJIS Q 14001:2015は，2015年11月20日に公示された．

次の2.2節で解説するISO 14001:2015は，決して完璧な内容ではない．なぜもっと理解しやすく規定できないのか，ISO 9001との整合も不十分ではないか，など多くの欠点を指摘することは可能であろう．それでもISO 14001:2015は，現時点での国際合意であり，世界各国のエキスパートが何度も深夜まで議論した末に妥協が成立した内容なのである．

改めて述べるが，ISO 14001:2015は従来と同様，世界のどの地域でも，どのような業種でも，またどのような規模の組織でも適用できる"ミニマム・コア・スタンダード（最小限の中核となる標準）"であって，ベストプラクティスを規定しているわけではない．本書の第1章で述べたように，ISO 14001は法令順守を超えて（beyond compliance），自主的な取組みを実行する仕組みなのである．

1993年にスタートしたISO 14001策定作業に初めから参画し，以来20年以上にわたってこの規格について国際会合で議論を続けてきた筆者は，ISO 14001:2015は今後20年にわたり環境経営を推進するためのインフラとして有効な機能を具備した規格になったと評価している．

2.2　ISO 14001：2015 の要求事項のポイント

ISO 14001 の 2015 年版と 2004 年版の構成（目次）を対比して**表 2.3** に示す．なお 2015 年版の目次で，下線なしの部分が附属書 SL で規定された共通の細分箇条（表 1.5 参照）で，下線付きの部分が EMS 固有に追加した細分箇条である．

表 2.3 をみると，2004 年版で対応する細分箇条がないものがある（網掛け部分）．すなわち 2015 年版で新たに導入されたものは，4.1（組織及びその状況の理解），4.2（利害関係者のニーズ及び期待の理解），5.1（リーダーシップ及びコミットメント）と 6.1（リスク及び機会への取組み）の中の 6.1.1 及び 6.1.4，そして 10.1（一般）及び 10.3（継続的改善）であることがわかる．

附属書 SL で規定された細分箇条でも，その多くに対して EMS 固有の要求事項が追記されている．

p.42 以降では，ISO 14001：2015 の規定する要求事項のポイントを枠囲みの中に示して説明する．枠の中のテキストは要求事項の主たる内容を箇条書きで示しており，要求事項の全文を掲載したものではない．また，和訳の表現は，要求事項のポイントをわかりやすく伝える目的で JIS Q 14001：2015 の内容を要約したものであり，JIS とは表現が異なる部分もある．実際の規定を知りたい方は，JIS を参照いただきたい．

なお，枠の中で
・下線付きの内容　……EMS 固有の要求事項
・下線なしの内容　……附属書 SL による共通要求事項，を示している．

2.2 ISO 14001：2015 の要求事項のポイント

表 2.3 ISO 14001：2015 と ISO 14001：2004 の対比

ISO 14001：2015	ISO 14001：2004
4.1　組織及びその状況の理解	
4.2　利害関係者のニーズ及び期待の理解	
4.3　EMS の適用範囲の決定	4.1　一般要求事項
4.4　環境マネジメントシステム	
5.1　リーダシップ及びコミットメント	
5.2　環境方針	4.2　環境方針
5.3　組織の役割，責任及び権限	4.4.1　資源，役割，責任及び権限
6.1　リスク及び機会への取組み	
6.1.1　一般	
6.1.2　環境側面	4.3.1　環境側面
6.1.3　順守義務	4.3.2　法的及びその他の要求事項
6.1.4　取組みの計画策定	
6.2　環境目標及びそれを達成するための計画策定	4.3.3　目的，目標及び実施計画
6.2.1　環境目標	
6.2.2　環境目標を達成するための取組みの計画策定	
7.1　資源	4.4.1　資源，役割，責任及び権限
7.2　力量	4.4.2　力量，教育訓練及び自覚
7.3　認識	
7.4　コミュニケーション	4.4.3　コミュニケーション
7.4.1　一般	
7.4.2　内部コミュニケーション	
7.4.3　外部コミュニケーション	
7.5　文書化した情報	4.4.4　文書類
7.5.1　一般	
7.5.2　作成及び更新	4.4.5　文書管理
7.5.3　文書化した情報の管理	4.5.4　記録の管理
8.1　運用の計画及び管理	4.4.6　運用管理
8.2　緊急事態への準備及び対応	4.4.7　緊急事態への準備及び対応
9.1　監視，測定，分析及び評価	4.5.1　監視及び測定
9.1.1　一般	
9.1.2　順守評価	4.5.2　順守評価
9.2　内部監査	4.5.5　内部監査
9.2.1　一般	
9.2.2　内部監査プログラム	
9.3　マネジメントレビュー	4.6　マネジメントレビュー
10.1　一般	
10.2　不適合及び是正処置	4.5.3　不適合並びに是正処置及び予防処置
10.3　継続的改善	

注：左欄（ISO 14001：2015 の目次）において，下線ありは EMS 固有の，下線なしは附属書 SL どおりの細分箇条を示す．

| 組織の状況　　／箇条4／

4.1　組織及びその状況の理解　　POINT
● EMSの意図した成果の達成に影響する内部・外部の課題を決定する.
● 課題には，組織からの影響を受ける，又は組織に影響を与える可能性がある環境状態を含む.

　附属書SLで規定された4.1の要求事項は，組織のマネジメントシステムに良くも悪くも影響を与える可能性がある外部の課題（経済，社会，技術，法規制の動向など）及び内部の課題（経営資源や能力など）を認識することを求めており，これらの課題認識は戦略（上位）レベルの理解，言い換えれば"経営者の視点"からみた課題及び動向である．したがって，網羅的な情報収集や詳細な分析・評価を求めるものではない．こうした意図は，附属書SLコンセプト文書やISO 14001：2015の附属書A.4.1で説明されている．

　附属書SLで要求される外部及び内部の課題認識に関して，"組織から影響を受ける又は組織に影響を与える可能性がある環境状態を含まなければならない"という規定がEMS固有の要求事項として追加されている．"環境状態"は，"ある特定の時点において決定される，環境の様相又は特性"と定義されている．

　従来ISO 14001は，組織が環境に与える環境影響を管理するための仕組みであったが，この追加規定によって，環境（とその変化）が組織に与える影響をも管理すべき課題として認識することが求められるようになる．すなわち，組織と環境の関係が従来一方向であったものが，双方向になることを意味している．

　例えば昨今，気候変動が顕在化しつつあり，豪雨の多発による水害，竜巻などのもたらす設備被害の可能性が高まっている．2011年夏にタイのバンコク郊外でチャオプラヤ川の氾濫により工業団地が水没し，数か月に及ぶサプライチェーンの寸断が発生した．気候変動だけではなく，旺盛な新興国の需要増加

や生物多様性の喪失による様々な資源入手の困難性，価格の高騰が顕在化している．

こうした地球環境の急速な変化は，組織の経営戦略（活動，製品及びサービスのあり方）に影響を与えることになる．サプライヤーを含む生産拠点や物流拠点の立地条件の見直し，水害や竜巻などの物理的被害に対する備えの拡充を始め，"事業継続"という視点からも組織は考慮を迫られている．考慮すべきことは，被害への備えといったマイナス面だけではない．気候変動の原因として指摘されるCO_2の排出及びそれに最大の影響を与えるエネルギーの使用を効率化する技術（省エネなど）や，CO_2を排出しない再生可能エネルギー技術などに強みをもつ組織にとっては，新たなビジネス機会が開けてくる．このように組織と環境の関係を双方向でとらえることで，リスク及び機会（6.1）の認識が可能になる．

組織の状況認識に関する要求事項は従来のマネジメントシステム規格にはなかったが，図1.5に示したように，これはJTCGが策定する以前にTC176とTC207によるJCGが2005年に提案した上位構造に既に導入されているもので，JTCGの発明ではない．

4.2 利害関係者のニーズ及び期待の理解 POINT

- EMSに関連する利害関係者とその要求事項（ニーズ及び期待）を決定する．
- 要求事項のうち組織の順守義務となるものを決定する．

4.2では共通要求事項として，4.1と同様に，経営者の視点からEMSに関連する利害関係者とそのニーズや期待の認識が求められる．これに付記する形で"それらのニーズ及び期待のうち，組織の順守義務となるもの"を決定するとの規定がEMS固有に追加された．

"順守義務"も環境固有に導入された用語で，"組織が順守しなければならな

い法的要求事項，及び組織が順守しなければならない又は順守することを選んだその他の要求事項"と定義されている．この用語は，従来の"法的及び組織が同意したその他の要求事項"と全く同じ意味である．

附属書SLでは"要求事項"は"明示されている，通常暗黙のうちに了解されている又は義務として要求されている，ニーズ又は期待"と定義されており（ISO 9000の定義を踏襲），"要求事項"の全てに組織が対応しなければならないという従来のEMSでの言葉の使用法とは異なっている．したがって，組織は要求事項（ニーズ及び期待）の中から"順守義務"を抽出し，それだけに対応すればよい（当然ながら法的要求事項には全て対応しなければならない）．

"順守義務"の詳細な決定は6.1.3で要求されているので，ここでは経営的視点から自ら受け入れる義務の対象や範囲について大枠の理解をすればよい．

4.3 EMSの適用範囲の決定　POINT

- 4.1に規定する外部及び内部の課題，4.2に規定する順守義務及び次の事項を考慮して適用範囲を決定する．
  - 組織の単位，機能及び物理的境界
  - 組織の活動，製品及びサービス
  - 管理し影響を及ぼす，組織の権限及び能力
- 適用範囲内の全ての活動，製品及びサービスをEMSに含む．
- 適用範囲は，文書化した情報として維持し，利害関係者が入手可能とする．

4.1及び4.2で得られた知識は，適用範囲を決定する際に考慮することが求められている．4.2で説明した理由から，4.3でも附属書SLの"要求事項"は"順守義務"に置き換えられている．

EMSの適用範囲の決定については，附属書SLに規定される4.1及び4.2で得られた情報に加え，EMS固有に追加された3項目を考慮して決定しなければならない．適用範囲は従来どおり組織が自主的に決定する事項であるが，

ISO 14001：2004 では適用範囲の決定について考慮する事項の規定がなかったことに比べると，適用範囲決定の根拠に関する組織の説明責任が強化されたと考えるべきであろう．

適用範囲内の全ての活動，製品及びサービスを除外禁止としているのは，ISO 14001：2004 附属書 A に記載の趣旨と同様，EMS の社会的信用を維持する意図による．また，附属書 SL では"文書化した情報として利用可能とする"と規定されていた部分が，EMS では"利害関係者が入手可能とする"と変更され，"環境方針"と同様に EMS の適用範囲も公開するものとされた．

"文書化した情報"は，"文書"や"記録"を包括する用語として附属書 SL で定義され，共通要求事項 7.5 でその作成や管理について規定されているものである．詳細は箇条 7 で解説する．

4.4　環境マネジメントシステム　POINT

- 環境パフォーマンスの向上を含め，組織の意図する成果を達成するため，組織は，必要なプロセスとその相互作用を含む，EMS を確立し，実施し，維持し，継続的に改善する．
- 組織は，4.1 及び 4.2 で得られた知識を EMS 確立し維持するとき考慮する．

4.4 は 2004 年版の 4.1（一般要求事項）に記載されていた EMS の確立・実施・維持及び改善を包括的に求める要求事項に対応する規定だが，ISO 14001：2015 では，附属書 SL によって規定された"必要なプロセスとその相互作用を含む"マネジメントシステムを確立，実施，維持かつ継続的に改善することが求められている．"必要なプロセスとその相互作用を含む"という概念は QMS では 2000 年改訂で導入されたプロセスアプローチの考え方であるが，附属書 SL では全てのマネジメントシステム規格にプロセスアプローチを要求するという意図はない．しかしながら附属書 SL には，従来のマネジメン

トシステム規格にみられた"手順"という用語は使用されておらず，代わって 4.4 及び後述する 8.1（運用の計画及び管理）で包括的に"プロセス"の確立が求められている．

EMS の確立などを求める要求事項の前に"環境パフォーマンスの向上を含め，組織の意図する成果を達成するため"というフレーズが EMS 固有に追記されている．同様のフレーズが最終細分箇条（10.3）でも付加されているが，"環境パフォーマンスの改善"が 2004 年版に比べて随所で強調されているのは，スタディグループ勧告 第 7 項及び第 8 項（表 1.7）に基づくものである．

"EMS を確立し維持するとき，4.1 及び 4.2 で得られた知識を考慮する"という要求事項は，改訂プロセスの運営原則（表 2.2）で定めた"全ての箇条でそのアウトプットを明確にする"という原則に伴って，特に 4.1 及び 4.2 のアウトプットが"知識"であることを明確にするために記載された．

リーダーシップ　／箇条 5／

5.1　リーダーシップ及びコミットメント　POINT

- トップは，EMS に関するリーダーシップとコミットメントを実証する．
  - ① EMS の有効性に説明責任を負う．
  - ② 環境方針及び環境目標を確立し，組織の状況・戦略と整合する．
  - ③ EMS 要求事項を組織の事業プロセスに統合する．
  - ④ EMS に必要な資源を利用可能にする．
  - ⑤ 有効な EMS への適合の重要性を伝達する．
  - ⑥ EMS が意図した成果を達成することを確実にする．
  - ⑦ EMS の有効性に寄与するよう人々を指揮し，支援する．
  - ⑧ 継続的改善を促進する．
  - ⑨ 管理層がその責任領域でリーダーシップを実証するよう支援する．
- 注記：事業とは，組織の存在の目的の中核となる活動．

どのようなマネジメントシステムでも，トップのリーダーシップが不可欠である．この箇条の下に置かれた要求事項の主語は全て"トップマネジメント"であり"組織"ではないため，トップマネジメントが自ら対応しなければならない要求事項なのである．細分箇条5.1ではトップマネジメントに対してマネジメントシステム規格に関するコミットメントとリーダーシップの実証を求めており，具体的に実証すべき9項目が記載されている．

2004年版にはこうした要求事項はなかったが，ISO 9001では2000年改訂版から"経営者のコミットメント"と題した細分箇条がおかれ，"コミットメントの証拠を示す"ことが要求された．以降に発行された食品安全マネジメントシステム（ISO 22000）や情報セキュリティマネジメントシステム（ISO/IEC 27001）でも同様の箇条が設置されている．また，附属書SLの適用が義務化される半年前に発行されたエネルギーマネジメントシステム（ISO 50001）でも"経営者の責任"という箇条が設けられ，ここでは"コミットメントの実証"が要求されている．したがって，トップに対してコミットメントの実証を求める要求事項は2000年以降のマネジメントシステム規格では，ほぼデファクト化していたとはいえ，ISO 14001の2004年改訂の折に1996年版の要求事項に新たな要求事項を加えることができなかったことでマネジメントシステム規格全体の動向に取り残された形になってしまっていた．

トップが実証しなければならない9項目の中で，②〜⑨の8項目は附属書SLで規定された共通要求事項である．このうち5項目（②，④，⑤，⑥，⑧）は，ISO 9001の2000年改訂でコミットメントの証拠を示さなければならない項目として規定されたものとほぼ同様の内容である．③"事業プロセスへの統合"は従来のマネジメントシステム規格にはなく附属書SLで初めて導入された項目で，これこそトップマネジメントの強いリーダーシップと支援がなければ実現できない．

これに加えて，⑦"人々の指揮・支援"と⑨"部門管理者層の支援"では，トップ自らが主体的に関与するだけではなく，組織の全ての階層及び部門からのコミットメントが得られるように指揮・支援することが求められている．ISO

14001:2015 の序文では，"EMS の成功は，トップマネジメントによって主導される，組織の全ての階層及び機能からのコミットメントのいかんにかかっている"と指摘している．

①の"EMS の有効性の説明責任"は，改訂 ISO 14001 と ISO 9001 にそろって独自に追記された項目である．②〜⑨に規定された事項は，必ずしもトップが自ら実行することを求めているわけではない．実行する責任（responsibility）を他の役員や経営幹部などに委任してもよい．しかし委任とは，責任を丸投げして後は知らないということではない．委任した事項が確実に実行されていることを確認し，それについて第三者にトップ自らが説明できること，これが"説明責任（accountability）"であり，"説明責任"は委任できないのである．

ISO 14001:2015 で要求される"説明責任"は"EMS の有効性に関する説明責任"と明記されている．経営者は環境方針でコミット（約束）する事項に関して，その約束を実行するために EMS をどのように構築・運用し，結果はどうであったのかについて説明する責任を負う．

5.2 環境方針　POINT

● トップは次の事項を満たす環境方針を確立・実施・維持する．
a) 組織の目的，<u>組織の活動，製品及びサービスの性質，規模，環境影響を含む組織の状況</u>，に対して適切である．
b) 環境目標設定のための枠組みを示す．
c) 汚染の予防及び組織の状況に固有な環境保護に対する<u>コミットメントを含む</u>．
　注記：これには持続可能な資源の利用，気候変動の緩和及び気候変動への適応，生物多様性及び生態系の保護を含む．
d) <u>順守義務を満たすことへのコミットメントを含む</u>．
e) <u>環境パフォーマンスを向上させるための</u> EMS の継続的改善へのコ

ミットメントを含む.
● 環境方針は次の事項を満たす.
— 文書化した情報として<u>維持する</u>.
— 組織内に伝達する.
— 利害関係者が入手可能である.

　環境方針（5.2）の満たすべき条件として，附属書SLに規定されたa）では2004年版に規定されている"組織の活動，製品及びサービスの性質，規模，環境影響"を含めて"組織の状況"に対する適切性が追記され，4.4で規定された"組織の状況の知識をEMS確立の際考慮する"という内容が環境方針にも適用されることが示されている.
　b）は附属書SLのとおりであるが，細分箇条6.2で後述するように，ISO 14001：2015のJIS化にあたっては"environmental objective"を"環境目的"ではなく"環境目標"と訳している.
　d）では，附属書SLの"適用される要求事項"という表現を，4.2で導入した"順守義務"という用語に置き換えている.
　e）では，細分箇条4.4及び後述する10.3と並んで"環境パフォーマンスを向上するための"というフレーズを付加し，ISO 14001：2015では"環境パフォーマンスの継続的改善"に焦点を当てることを強調している.
　c）は，2004年版では"汚染の予防に関するコミットメント"を求めていた部分だが，それ以外の"適切な環境保護に対するコミットメント"にまで拡大され，注記として"持続可能な資源の利用"，"気候変動の緩和及び気候変動への適応"，"生物多様性及び生態系の保護"などが例示されている."汚染の予防"と今回追記された3項目を合わせた四つの環境課題は，ISO 26000（社会的責任に関する手引き）の6.5（環境）において，組織が対応すべき四つの環境課題として整理されたものである．ISO 26000では，環境課題ごとに"課題の説明"と"関連する行動及び期待"が記述されている．

"汚染の予防"以外の環境課題に対するコミットメントを必要に応じて求める規定は，スタディグループ勧告の中で ISO 26000 との整合性に関する勧告 5 及び 6 に対応して導入された．ここでは全ての組織に一律して四つの課題へのコミットメントを求めてはおらず，"組織の状況に適切な"課題を組織が選択すればよい．どこまでコミットするかは組織次第であり，業種や組織の規模などによってもその必要性は異なるだろう．

方針は，附属書 SL では"必要に応じて利害関係者が入手可能"とされ，2004 年版の"一般の人々が入手可能"とする要求事項に比べると後退する印象を与える．このため，附属書 SL から"必要に応じて"は削除されたが，"利害関係者"を"一般の人々"に変更することは見送られた．改訂 WG では，両者は事実上同等の要求とみなすと解釈している．

> **5.3 組織の役割，責任及び権限**　　POINT
> ●トップは役割，責任，権限を割り当て組織内に伝達する．
> ●トップは規格への適合性と EMS のパフォーマンスをトップに報告する責任，権限を割り当てる．

組織内で，EMS に関連する役割に関して責任及び権限を割り当てるということは，環境方針を遂行するために組織内で EMS に関する人事を行うということであり，当然トップマネジメントが決定する．

2004 年版では"管理責任者"という言葉が使用され，その役割が規定されていたが，ISO 14001:2015 では同等の責任及び権限を割り当てることは変わらないものの"管理責任者"という言葉は使用していない．規格から用語が消えても，組織が従来どおり"管理責任者"という名称で人を割り当てることは当然ながら問題なく，附属書 A ではそのような趣旨が説明されている．

計　画　／箇条6／

6.1　リスク及び機会への取組み　　POINT
6.1.1　一般
- 6.1の要求を満たすためのプロセスを確立し，実施し，維持する．
- EMSを計画するとき，4.1に規定する課題及び4.2に規定する要求事項及びEMSの適用範囲を考慮する．
- 環境側面，順守義務，4.1及び4.2で決定されたその他の課題及び要求事項に関して，以下のために取り組む必要があるリスク及び機会を決定する．
    - EMSが意図した成果を達成できるという確信を与える．
    - 外部の環境状態が組織に影響を与える可能性を含め，望ましくない影響を防止又は低減する．
    - 継続的改善を達成する．
- EMSの適用範囲の中で，環境に影響を与えるものを含め，潜在的な緊急事態を決定する．
- 取り組む必要があるリスク及び機会の文書化した情報を維持する．
- プロセスが計画通り実施されたと確信するために必要な程度の文書化した情報を維持する．

　附属書SLの箇条6は"リスク及び機会への取組み"というタイトルで，4.1及び4.2で得た知識をベースにリスク及び機会の決定を求めているが，ISO 14001：2015では6.1を四つの細分箇条（6.1.1～6.1.4）に区分し，"環境側面（6.1.2）"及び"順守義務（6.1.3）"に関する要求事項を附属書SLによるリスク関連の要求事項に合体させた構成になっている．

　また2015年版では，附属書SLでの"リスク及び機会"という表現を，附属書SLによるリスクの定義とは別に，次のように定義している．

潜在的で有害な影響（脅威）と潜在的で有益な影響（機会）

このような定義を導入した理由については，本書3.4節（リスク及び機会への取組み）で実務上の対応方法とともに解説する．

6.1.1（一般）では，EMS固有に6.1全体を包含したプロセスの計画と，組織が必要とする範囲での"文書化した情報"に関する要求事項をEMS固有に規定して，プロセスの計画及び実施を求める要求事項を6.1.2～6.1.4で繰り返さないようにしている．"リスク及び機会"の発生源として，環境側面，順守義務並びに4.1及び4.2で決定されたその他の課題及び要求があることが提示され，それらから生起するリスク及び機会の決定が求められている．

"リスク及び機会"の決定は，①マネジメントシステムが意図した成果を達成できることを確実にする，②望ましくない影響を防止又は低減する，③継続的改善を達成する，という三つの目的が附属書SLで規定されており，これらの目的に関係するリスクと機会に限定して考えればよい．

上記の目的のうち②に関するリスクとは，従来のマネジメントシステム規格では"予防処置"として規定されていた内容に代わるものである．予防処置とは本来計画段階から考慮しておくべきものであり，不適合とその是正処置とセットで要求する形式はユーザーに誤解を与えるとして，附属書SLでは予防処置という用語も細分箇条も削除している．食品安全マネジメントシステム（ISO 22000）では，当初から規格全体が予防処置であるとして"予防処置"という言葉が入った細分箇条や要求事項は存在しない．

マネジメントシステム規格は適用分野にかかわらず，いずれも経営リスク，すなわち不確実性をマネージするものであるから，食品安全だけでなく全てのマネジメントシステム規格で計画段階から予防処置を組み込むという考え方が附属書SLで採用された．

ISO 14001:2015では，"望ましくない影響を防止又は低減する"という部分に"外部の環境状態が組織に与える影響を含め"というフレーズを追記して

いる．これは，4.1 で解説した気候変動などが組織に与えるマイナスの影響について考慮することを意味している．

リスク及び機会を決定する方法は組織に任されており，組織の状況に応じて"単純な定性的プロセス又は完全な定量的評価を含めてもよい"と附属書 A.6.1.1 で説明されている．リスク及び機会を特定する具体的な手法の例は，本書 3.4 節で解説する．

また，緊急事態の特定は 2004 年版では"緊急事態への準備及び対応"の中で要求されていたが，"緊急事態"は"リスク（脅威）"の一形態であることから，2015 年版ではその特定までは 6.1.1 で要求し，"準備及び対応"に関する要求事項は 8.2 で規定している．

緊急事態については，"環境に影響を与えるものを含め"と表現されていることから，それ以外の緊急事態，すなわち環境に害を与える事態に加えて，組織に害を与える事態をも含むことが示唆されている．例えば，環境への取組みに関して組織外に提供した情報が誤りであった場合など，誤りの内容と程度によっては社会的，あるいは法的に大きな問題となる場合がある．こうした問題をどこまで考慮するかは組織が決定すればよい．

緊急事態の対象は"EMS の適用範囲の中で"と記されているように，あくまで EMS で対処すべき緊急事態を特定すればよいことは言うまでもない．

6.1.2 環境側面　POINT

- 組織は，ライフサイクルの視点を考慮し，活動，製品及びサービスの，組織が管理できる環境側面及び影響を及ぼせる環境側面と，それらに伴う環境影響を決定する．
- 環境側面を決定するとき，次の事項を考慮に入れる．
  — 計画，新規，変更された活動，製品・サービスを含む変更
  — 異常な状態及び当然予知できる緊急事態
- 設定した基準を使用し，著しい影響を与える又は与える可能性のある側

面（著しい環境側面）を決定する．
● 必要に応じて，著しい環境側面を組織内に伝達する．
● 次に関する文書化した情報を維持する．
　— 環境側面及びそれに伴う環境影響
　— 著しい環境側面を決定する基準
　— 著しい環境側面
● 注記：著しい環境側面は，環境に関連するリスク及び機会になり得る．

6.1.2（環境側面）は全て EMS 固有の要求事項で，2004 年版の 4.3.1（環境側面）の要求事項をほぼ踏襲しており，基本的な概念に変更はない．しかし，"ライフサイクルの視点を考慮して"というフレーズが意図的に追加されていることに注意が必要である．2004 年版の"影響を及ぼすことができる環境側面"と同じ意味ともいえるが，原材料の取得から最終廃棄に至るまでの全過程を俯瞰して"影響を及ぼすことができる"ということを，より幅広く考慮することを求める意図がある．"ライフサイクルの視点"は 8.1（運用の計画及び管理）でも言及されている．

6.1.2 のアウトプットである 3 項目に関する"文書化した情報"が EMS 固有に規定され，中でも"著しい環境側面の基準"が明記されたことは，2004 年版からの大きな変更の一つである．2004 年版の適用にあたって，組織は実務上（審査への対応上）"著しさの基準"を設定している場合が多いが，2004 年版の要求事項では"基準"の設定は要求事項ではなかった．

6.1.3　順守義務　**POINT**
● 組織の環境側面に関する順守義務を決定し，参照する．
● 順守義務を組織にどのように適用するか決定する．
● EMS を確立，実施，維持，継続的改善するときに，順守義務を考慮に

> 入れる.
> ●順守義務に関する文書化した情報を維持する.
> ●注記:順守義務は,組織に対するリスク及び機会になり得る.

6.1.3(順守義務)も全て EMS 固有の要求事項である.4.2 で説明したように"順守義務"は従来の"法的及びその他の要求事項"と概念は同じであり,要求事項も 2004 年版の 4.3.2(法的及びその他の要求事項)をほぼ踏襲している.違いは"組織にどのように適用するか決定する"という部分で,2004 年版では"環境側面にどのように適用するか決定する"とされていた.環境法規は,環境側面に対して何らかの規制を課すことは間違いないが,特定の管理者や資格の要求や報告義務などを定めるものもあることから,2015 年版での表現のほうが包括的で正確である.

6.1.3 の注記では,順守義務もリスク及び機会になり得ることが記載されている.ここでは 6.1.2 の注記と異なり,環境に対してではなく,"組織に対するリスク及び機会"と記載されている.順守義務がいかにして組織に対するリスク及び機会になり得るのか,そうした事例については本書 3.12 節で具体的に紹介する.

6.1.4 取組みの計画策定　POINT

> ●次の事項を計画する.
> 　a) 著しい環境側面,順守義務,6.1.1 で特定されたリスク及び機会への取組み
> 　b) 次の事項を行う方法
> 　― 取組みの EMS プロセス(6.2,箇条 7,箇条 8 及び 9.1 参照)又は他の事業プロセスへの統合及び実施
> 　― その取組みの有効性の評価(9.1 参照)

●これらの取組みを計画するとき，組織は技術上の選択肢，財務上，運用上，事業上の要求事項を考慮する．

　6.1.2～6.1.3 で"環境側面"，"順守義務"，"リスク及び機会"の三つの対処すべき課題を決定したうえで，6.1.4 ではそれらに対する取組みについて具体的に計画することが求められている．

　取組みの計画には例えば，環境目標に設定して改善を進める，運用計画及び運用管理の対象とする，緊急事態への準備及び対応の中で扱う，監視及び測定対象として推移をみるなど，様々な対処方法が可能である．

　ISO 14001:2015 の附属書 A では，"これらの取組みは，労働安全衛生，事業継続などの他のマネジメントシステムを通じて，又はリスク，財務上若しくは人的資源のマネジメントに関連した他の事業プロセスを通じて行ってもよい"と説明している．"著しい環境側面"，"順守義務"，"リスク及び機会"に対する取組みについても全て環境部門が担うのではなく，"事業プロセスへの統合"という観点からの計画が求められる．

　取組みを他の事業プロセスや他のマネジメントシステムの中で実施する場合でも，認証審査においては，それらの取組みは EMS の範囲内として審査対象となる．

　取組みの計画の中で，"その取組みの有効性の評価"の方法の決定も求められることに注意が必要である．この規定は附属書 SL によるもので，"計画"段階で"結果"の評価方法についての計画も求める規定は，細分箇条 6.2.2（環境目標を達成するための取組みの計画策定）にもある．

　また，取組みの計画において，"技術上の選択肢，財務上，運用上，事業上の要求事項を考慮する"という部分は，2004 年版では環境目的及び目標の設定の際の考慮事項として記載されていたもので，2015 年版では環境目標の設定だけでなく，取組みの計画全般にわたって考慮するようこの部分に移動された．

　いかなる取組みの計画においても，経営資源の裏付けがなければ実行できな

い．経営資源が不足している場合，例えば赤字経営が続くような場合には，設備投資や開発投資をしたくともできない．EMS でも同じことで，いくらやるべき課題が特定されても，経営資源が許す範囲でしか対応はできない．こうした経営一般の常識に基づいて EMS の計画も策定されなければならない．

6.2 環境目標及びそれを達成するための計画策定　POINT

6.2.1 環境目標

- 著しい環境側面及び関連する順守義務を考慮に入れ，かつ，リスク及び機会を考慮し，関連する機能及び階層で環境目標を確立する．
- 環境目標は次の事項を満たす．
  - 環境方針と整合．
  - （実行可能な場合）測定可能．
  - 監視する．
  - 伝達する．
  - 必要に応じて更新する．
- 環境目標に関する文書化した情報を維持する．

EMS では細分箇条 6.2 は 6.2.1 と 6.2.2 に分割されている．2004 年版では，環境目的（environmental objective）と環境目標（environmental target）の 2 段階での設定が規定されていたが，2015 年版では従来の環境目標の要求は削除された．

附属書 SL では"objective"は"達成する結果"と定義されているが，これは 2004 年版の環境目的の定義"組織が達成を目指して自ら設定する，環境方針と整合する全般的な環境の到達点"とは異なり，むしろ従来の"環境目標"の定義"環境目的から導かれ，その目的を達成するために目的に合わせて設定される詳細なパフォーマンス要求事項"に近い（パフォーマンスは，マネジメントの測定可能な結果を意味する）．

改訂 WG 会合において，後述する"指標"を求める要求事項が追加されることを加味して検討した結果，"environmental target"は削除された．

2015 年版における"environmental objective"を従来どおり"環境目的"と訳すか，定義が変わっていることを勘案して"環境目標"とするかについて JIS 化委員会で審議した結果，次の理由から"環境目標"と表現することになった．

・附属書 SL による"objective"の定義は，従来の"target"に近い．
・2004 年版では，環境目的は中長期的に目指すもの，環境目標は短期的なパフォーマンス目標と理解されている場合が多く，改訂で環境目標が削除されたという説明は，組織に詳細なパフォーマンス目標が不要となったというような誤解を与える可能性がある．
・ISO 9001 では改訂後も"品質目標"という訳語を使用することから，これと整合を図ることが望ましい．

著しい環境側面及び順守義務に対しては"考慮に入れる（take into account）"，リスク及び機会に対しては"考慮する（consider）"という表現が意図的に使い分けられている．"考慮に入れる"と記されたものは，考慮した結果に考慮事項が反映されることが要求され，"考慮する"と記された場合は，考慮した結果に必ずしも考慮事項が反映されなくてもよいことを示す．

環境目標が満たすべき要件 5 項目は，全て附属書 SL による規定である．

環境目標は，"（実行可能な場合）測定可能"と規定されており，"測定可能な"とは，"環境目標が達成されているか否かを決定するための規定された尺度に対して，定量的又は定性的のいずれの方法を用いることも可能であるということ"との解説が附属書 A.6.2 に記載されている．定性的な測定には，例えば ISO 9001 で要求される顧客満足の測定などがある．統計的に有意となるように顧客調査方法を設計し，回答結果を統計的手法によって処理することで"顧客満足度"が測定できる．詳細は，本書 3.5.2 項で解説しているので参照されたい．

6.2.2 環境目標を達成するための取組みの計画策定

POINT

● 環境目標の達成のため，次の事項を決定する．
— 実施事項，必要な資源，責任者，達成期限，結果の評価方法（<u>これには指標を含む</u>）．
— <u>どのように事業プロセスに統合され得るか考慮する．</u>

 ISO 14001：2015 では，EMS の継続的改善にとどまらず "環境パフォーマンスの改善" に関する要求事項の拡充（スタディグループ勧告 7. 及び 8., 表 1.7 参照）が意識されており，この一環として附属書 SL による "結果の評価方法" の決定を求める部分に，"指標を含む" というフレーズが追加された．

 "指標" は，"運用，マネジメント又は条件の状態又は状況の，測定可能な表現" と定義されている（3.4.7）．"指標" を決定するだけでは，改善したのか悪化したのかを評価できないため，9.1（監視，測定，分析及び評価）の中で "組織が環境パフォーマンスを評価するための基準" の決定が求められている．基準に照らして指標をみることで，改善又は悪化の度合いが明確に認識できる．

 "指標" の要求事項化は，ISO 50001：2011（エネルギーマネジメントシステム）で，"エネルギーパフォーマンス指標" とそれを評価するための "ベースライン" の設定が規定されたことから，"スタディグループ勧告 8." に明記され，改訂審議入り前から予定されていた．

 環境目標の達成計画についても，事業プロセスへの統合方法の検討が求められる．環境目標の中には，様々な事業プロセスの中での取組みの一部に包含されて取り組まれるものもあり得る．例えば，全社物流効率化プロジェクトの中で物流に伴う CO_2 の排出を削減する目標を展開したり，労働安全衛生マネジメントシステムの中で，リスクの高い化学物質をより安全な物質に切り替えるといった目標を進めることも考えられる．

 環境目標の設定とその取組みを他の事業プロセスや他のマネジメントシステムの中で実施する場合にも，認証審査においては，それらは EMS の範囲内と

支援　／箇条7／

7.1 資源　POINT

- EMSに必要な資源を決定し，提供する．

箇条7（支援）には，PDCAの構成要素としては分類できないがPDCAを支援するために必要な要素として，資源，力量，認識，コミュニケーション，文書化した情報，の五つの細分箇条が含まれている．

7.1（資源）は附属書SLによる規定だけで，EMS固有の追加要求事項はない．2004年版の要求事項に記載されていた資源の例，"人的資源及び専門的な技能，組織のインフラストラクチャー，技術並びに資金"などは，附属書A.7.1に記載されている．この変更は，要求事項をできるだけ簡潔化するという趣旨によるもので，2004年版の要求事項を変える意図はない．

7.2 力量　POINT

- 環境パフォーマンス及び順守義務を満たす組織の能力に影響を与える業務を行う人の力量を決定する．
- それらの人々が力量を備えていることを確実にする．
- 環境側面及びEMSに関する教育訓練のニーズを決定する．
- 必要な力量獲得の処置をとり，その有効性を評価する．
- 注記：力量獲得の処置には，教育訓練，指導，配置転換，力量を備えた人の雇用，そうした人々との契約締結などもある．
- 力量の証拠として，文書化した情報を保持する．

7.2（力量）も附属書SLによる規定だけで，EMS固有の追加要求事項はない．

この部分の要求事項の核となるのは,従来どおり必要な力量の決定であるが,力量を決定すべき対象者が2004年版よりも相当に拡大している.

2004年版では"著しい環境影響の原因となる可能性をもつ作業を実施する人"に対して力量が求められていたが,2015年版では"環境パフォーマンス及び順守義務を満たす組織の能力に影響を与える業務を行う人"に対して,力量の決定が求められる.具体的には附属書A.7.2において,2004年版で言及された人に加えて,EMSに関する責任を割り当てられた人(環境管理責任者)や著しい環境側面又は順守義務を決定し評価する人,内部監査員などが例示されている.

2004年版の規定は1996年版から変わっておらず,暗黙裡に製造業の事業所での適用を念頭に記載されていた.したがって,本社などオフィス部門での適用において力量を規定すべき該当者が見当たらないという事態もあり得たが,2015年版ではオフィス部門だけの適用においても力量を決定する対象者を選択することは容易であろう.

附属書SLには"教育訓練"に関する要求事項はないが,EMS固有の要求事項として"環境側面及びEMSに関連する教育訓練のニーズを決定する"という供給事項が追加された.これは,2004年版での要求事項と全く同じ表現になっている.教育訓練は,力量を獲得する処置の一つであり,"力量を備えた人の雇用"など,ほかに様々な方法があることが注記で示されている.

7.3 認識

POINT

● 組織は,組織の管理下で働く人々が以下の認識をもつことを確実にする.
— 環境方針
— 業務に関係する著しい環境側面とその影響
— EMSの有効性に対する自らの貢献
— 組織の順守義務を満たさないことを含む,EMSの要求事項に適合しないことの意味

7.3 のタイトル"認識"は，英文では"awareness"で 2004 年版と同じであるが，附属書 SL の和訳において"自覚"ではなく"認識"とすることが決定されたため，ISO 14001:2015 もこれに従って変更した．

そもそも同じ英単語に対して分野によって異なる日本語をあてることは好ましくなく，2004 年改訂の国際審議の中で ISO 14001 の"awareness"は ISO 9001 のそれとは違うなどという議論は一切なかった．もし概念が違うなら別の用語を使用するのが ISO 規格策定の原則である．筆者も 2004 年版の JIS 化作業に関与していたので責任は免れないが，個人的には 2004 年版の訳語で ISO 9001 と違う表現とすることには反対であった．

附属書 SL では，細分箇条 7.3 の冒頭の要求事項は，"人々は……しなければならない"という形式で規定されているが，人々に認識を持たせるのは組織の責任であるため，EMS では"組織は，……確実にする"という表現を付加している．

ここで規定される"認識"の内容 4 項目は，表現の違いはあるが 2004 年版で"自覚"を求める 4 項目と概念上の大きな違いはない．また，認識をもたなければならない"組織の管理下で働く人々"は，2004 年版の"組織で働く又は組織のために働く人々"と全く同じ意味である．

"組織の管理下"とは組織が直接の指揮・命令権限を有する従業員だけでなく，業務委託契約などを通じて間接的ではあっても組織のコントロール下に置かれる下請け作業者などを含む表現である．

4 番目の項目は，2004 年版の 4.4.2 d)"規定された手順から逸脱した際に予想される結果"に対応している．この部分は，附属書 SL では"EMS の要求事項に適合しないことの意味"と記載されており，2004 年版よりも幅広い表現となっている．さらにここで EMS 固有に"組織の順守義務を満たさないことを含む"が追記された．

字数からいえば小さな追記ではあるが，要求事項としては大きな追加作業を求める内容になった．組織の順守義務として特定されるものは法的義務だけでも相当数あると思われるが，それらの全てを組織内の全員が認識する必要はな

いことは常識的に明らかである．

例えば，EMS 事務局の関心が高い廃棄物処理法について，そうした法律があるというレベルの認識は全社員がもっておくべきとしよう．だが，マニフェストや廃棄物処理業者との委託契約書に不備があった場合に，運悪く不法投棄事件に巻き込まれると排出事業者責任が問われ，関係自治体から不法投棄された廃棄物の撤去などの措置命令が発出される可能性があり，規模にもよるが数百億円単位の支出を余儀なくされた事例がある，というようなことまで認識しなければならないのは，廃棄物管理担当部門の人だけでよいだろう．

多くの一般社員は入社してから定年退職するまで，一度もマニフェストや廃棄物処理業者との契約書をみることはないだろう．部門ごとの責任範囲に応じて，4 番目の項目でいう"EMS の要求事項に適合しないことの意味"として認識すべきことは違ってくる．2015 年版では，順守義務に関する要求事項が複数の細分箇条において緻密化していることに留意が必要である．順守義務に関する要求事項の強化への対応は，今回の改訂の主要なポイントの一つとして本書 3.12 節（順守義務の履行）で詳しく解説する．

7.4 コミュニケーション

POINT

7.4.1 一般

- 次の事項を含む，EMS に関する内部・外部コミュニケーションに必要なプロセスを確立し，実施し，維持する．
  ― 内容，実施時期，対象者，方法
- コミュニケーションプロセスを確立する際，順守義務を考慮し，環境情報が EMS で作成される情報と整合し，信頼性があることを確実にする．
- EMS に関連するコミュニケーションに対応する．
- 必要に応じて，組織のコミュニケーションの文書化した情報を保持する．

コミュニケーションについては，EMS や QMS などの分野ごとに，対象も，

目的も，その重要性も異なることから，附属書 SL では内部・外部のコミュニケーション（内容，実施時期，対象者，方法）について決定することだけを規定し，具体的な要求事項は個別の規格に任せている．

EMS 固有に追加された規定では，コミュニケーションプロセスの計画と，その際，順守義務を考慮することが求められる．

順守義務で求められる環境コミュニケーションには，まず環境関連法令によって求められる報告義務が挙げられる．例えば，省エネ法による定期報告や中長期報告，廃棄物処理法による定期報告，環境関連の許認可に付随する環境情報の提供などがある．組織自らが義務として受け入れた事項，例えば毎年定期的に環境報告書を発行する，環境ラベル制度に参画する，などによる環境情報のコミュニケーションについても計画の中で考慮することが求められる．

これらとともに"環境情報が EMS で作成される情報と整合し，信頼性がある"ことが要求されている．つまり，コミュニケートされる環境情報の管理を EMS で実施せよ，ということを意味している．環境コミュニケーションプロセスの計画策定と環境情報の管理をどう実現するかについては，本書 3.9 節（コミュニケーション）で解説する．

7.4.1（一般）の要求事項は，7.4.2（内部コミュニケーション）及び 7.4.3（外部コミュニケーション）の要求事項にもかかってくることに注意が必要である．

7.4.2 内部コミュニケーション　POINT

●組織は次の事項を行う．
　a) 必要に応じて，EMS の変更を含め，組織の種々の階層及び機能間で内部コミュニケーションを行う．
　b) 組織の管理下で働く人々が継続的改善に寄与できるようなコミュニケーションプロセスを確実にする．

7.4.2 は全て EMS 固有の要求事項で，最初の項目は 2004 年版の要求事項と

同じである．b) は組織内の人々が EMS 活動に参加，貢献できるような仕組み（プロセス）の整備を求めている．めったに聞かれなくなった言葉だが，古くからの"目安箱"のようなもの，最近では社内のイントラネットによる意見・提案収集の仕組みのようなものを整備すればよい．

7.4.3　外部コミュニケーション　POINT
- コミュニケーションプロセスで確立したとおり，かつ，順守義務による要求に従って EMS に関連する情報を外部にコミュニケートする．

7.4.3 も全て EMS 固有の要求事項で，外部コミュニケーションにあたっては，順守義務を含め 7.4.1 のプロセスで計画・決定した内容の実施が求められている．EMS の利害関係者は多岐にわたり，顧客対応であれば営業部門，サプライヤー対応では購買（資材）部門など，環境部門以外の様々な部門がかかわってくる．この要求事項への対応についても本書 3.9 節（コミュニケーション）で詳しく解説する．

7.5　文書化した情報　POINT
7.5.1　一般
- EMS は，この規格が要求する文書化した情報，EMS の有効性のために組織が必要と決定した文書化した情報を含む．

7.5.2　作成及び更新
- 適切な識別及び記述，形式，適切性及び妥当性に関するレビュー及び承認．

7.5.3　文書化した情報の管理
- 文書の入手可能性と十分な保護．
- 配付，アクセス，変更管理，保持・廃棄などの管理．
- 外部からの情報に必要な管理．

66　　第 2 章　ISO 14001：2015 の概要

　"文書化した情報（documented information）"という言葉は附属書 SL で定義され，従来の文書，文書類，記録という言葉を全て置き換えるものとして導入されている．組織の経営システムの IT 化が急速に進展している現状にあって，"ISO 規格＝紙の文書・記録"というイメージを払しょくし，そう遠くない時期にマネジメントシステム規格関連の文書，記録をはじめ手順等も全て IT 化される（マネジメントシステム規格自体が IT 化される）という展望のもとで，この用語が採用されている．

　7.5 では，全体（7.5.1～7.5.3）にわたって EMS 固有の要求事項の追加はない．改訂審議の半ばまでは，2004 年版の文書類（4.4.4）で規定されている"EMS の主要な要素，それらの相互作用の記述，並びに関係する文書の参照"が EMS 固有に追記されていたが，ISO 9001 改訂審議において 7.5 への分野固有の追記はしない方針が明確化されたことから，EMS においても追記はしないことになった．これによって，ISO 9001 改訂では"品質マニュアル"という言葉が姿を消し，EMS でもそれに対応していた上記の規定が削除された．しかし，附属書 SL に規定されるように，EMS の有効性のために組織が必要と決定すれば，従来の環境マニュアルのようなものを継続してももちろん差支えない．

　"この規格（ISO 14001：2015）が要求する文書化した情報"としては**表 2.4**に示すものがある．

運　用　／箇条 8／

8.1　運用の計画及び管理　　POINT

- 規格要求事項及び 6.1 及び 6.2 で特定した取組みのためのプロセスを確立し，実施し，管理し，維持する．
- プロセスの運用基準を確立し，それに従ってプロセスを管理する．
- 計画の変更を管理し，計画の変更で生じた有害な影響を軽減する．
- 外部委託したプロセスが，管理又は影響を及ぼされることを確実にする．

表 2.4 "文書化した情報" の要求一覧表

ISO 14001:2015 該当箇条	"文書化した情報" の要求事項
4.3　EMS の適用範囲の決定	EMS の適用範囲（利害関係者が入手可能）
5.2　環境方針	環境方針（利害関係者が入手可能）
6.1　リスク及び機会への取組み 6.1.1　一般	・<u>6.1 のプロセスの有効性を確信するために必要なもの</u> ・取り組む必要があるリスク及び機会
6.1.2　環境側面	・<u>環境側面とその環境影響</u> ・<u>著しい環境側面を決定するために用いた基準</u> ・<u>著しい環境側面</u>
6.1.3　順守義務	<u>順守義務</u>
6.2　環境目標及びそれを達成するための計画策定 6.2.1　環境目標	環境目標
7.2　力量	力量の証拠
7.4　コミュニケーション 7.4.1　一般	コミュニケーションの証拠（必要に応じて）
7.5　文書化した情報 7.5.1　一般	・この規格が要求するもの ・EMS の有効性のために必要と組織が決定したもの
8.1　運用の計画及び管理	プロセスの有効性を確信するために必要なもの
8.2　緊急事態への準備及び対応	プロセスの有効性を確信するために必要なもの
9.1　監視，測定，分析及び評価 9.1.1　一般	監視，測定，分析及び評価の結果の証拠
9.1.2　順守評価	<u>順守評価の結果の証拠</u>
9.2　内部監査	監査プログラムの実施及び監査結果の証拠
9.3　マネジメントレビュー	マネジメントレビューの結果の証拠
10.2　不適合及び是正処置	・不適合の性質及び処置の証拠 ・是正処置の結果の証拠

注：右欄（"文書化した情報"の要求事項）で，下線付きは EMS 固有の要求事項を示す。
　　下線なしは附属書 SL による共通要求事項を示す。

- <u>これらの管理又は影響の方式及び程度は EMS で決定する</u>．
- <u>ライフサイクルの視点に従って，次を行う</u>．
    - <u>必要に応じ，製品・サービスに対して，そのライフサイクルの各段階を考慮に入れて，環境上の要求事項が設計開発プロセスで対処されることを確実にする</u>．
    - <u>必要に応じ，製品及びサービスの調達に関する環境要求事項を決定する</u>．
    - <u>環境上の要求事項を，請負者を含む外部提供者に伝達する</u>．
    - <u>製品及びサービスの輸送又は配送（提供），使用から最終廃棄に至る，潜在的な著しい環境影響に関する情報提供の必要性を検討する</u>．
- プロセスの計画どおりの実施を確信するために必要な程度の文書化した情報を<u>維持</u>する．

　この箇条では附属書 SL によって，規格の要求事項と 6.1（リスク及び機会への取組み）で決定した取組みを実施するために必要なプロセスの確立，実施，管理，維持が求められている．ISO 14001:2015 では，さらに 6.2（環境目標及びそれを達成するための計画策定）で決定した取組みの実施についても追加している．

　4.4 で解説した包括的な"プロセスとその相互作用"を含む EMS の確立要求と，本細分箇条での包括的なプロセスの確立要求を合わせて読めば，ISO 14001:2015 の要求事項を満たすためのプロセスが包括的に求められていることになる．すなわち，細分箇条ごとにプロセスの確立及び実施について記載されていなくとも，全ての要求事項に対してそれを実行するプロセスが確立・実施されていなければならない．

　プロセスについては，基準の設定や有効性を確認するうえで必要な，文書化した情報の維持も求められている．ここでの"文書化した情報"は，"記録"

の意味だけではなく，従来の"文書化した手順"などの意味も含んでいる．

続いて，計画の変更管理や，変更に伴う意図しない負の影響がみられた場合の対処が求められているが，これは運用段階での予防処置とみなすことができる．次の外部委託（アウトソース）したプロセスに対する管理又は影響の要求は，ISO 9001 では 2000 年改訂で同様の要求事項が既に導入されている．

なお，アウトソースに関する要求事項への具体的対応は，本書 3.11 節（ライフサイクル思考）で詳しく解説する．

"ライフサイクルの視点に従って，次を行う"に続いて 4 項目が記載されているが，これらは組織の上流（サプライチェーン）及び下流（製品・サービスの提供に伴う物流，販売，使用から最終廃棄に至る流れ）に対する管理又は影響を及ぼす内容に関する規定である．

上流の外部提供者（請負者を含む）に対しては，購買仕様や委託契約の中で必要な環境関連事項を規定することができる．なお，"提供者（provider）"とは，ISO 9001:2015 で使用される用語で，従来の"供給者（supplier）"という用語をより一般化した表現である．組織内の設計・開発プロセスにおいて，製品やサービスの全ライフサイクルにわたって環境関連課題を考慮することも規定されている．省エネ・省資源設計などがこれにあたる．

下流側に対しては，環境関連情報の提供の必要性を考慮することが規定されている．ユーザに対する適切な使用方法（例えば省エネにつながるような使用法や廃棄時に電池などを取り外してから廃棄を求める説明など）に関する情報提供や，リサイクル及び廃棄物処理関係者に対する有害物質の含有状況や，適正処理方法に関する情報提供などが求められる．

これらの要求事項への対応についても，本書 3.11 節（ライフサイクル思考）で解説する．

8.2　緊急事態への準備及び対応　**POINT**

●6.1.1 で特定された潜在的な緊急事態に対応するためのプロセスを確立

し，実施し，維持する．
● 組織は次の事項を実施する．
  a) 緊急事態からの有害な環境影響を防止又は最小化する取組みを計画して対応を準備する．
  b) 実際の緊急事態に対応する．
  c) 環境影響の大きさに応じて，緊急事態の悪影響を防止又は緩和する処置をとる．
  d) 可能な場合，計画した対応処置を定期的にテストする．
  e) 定期的に，また緊急事態の発生後，プロセス及び計画した対応をレビューし，見直す．
  f) 必要に応じて，教育訓練を含め，関連する情報を，組織の管理下で働く人々を含む関連する利害関係者に提供する．
● プロセスの計画どおりの実施を確信するために必要な程度の，文書化した情報を維持する．

8.2 は全て EMS 固有の追加要求事項であるが，要求事項は 2004 年版の 4.4.7（緊急事態への準備及び対応）とほとんど同じである．

2004 年版では，潜在的な緊急事態及び事故の"特定"と"対応"の手順が一括して求められていたが，2015 年版では，"特定"は 6.1.1（一般）の中で要求され，8.2 では"準備及び対応"に限定して規定されている．

パフォーマンス評価　／箇条 9／

9.1　監視，測定，分析及び評価 **POINT**
9.1.1　一般
● 組織は，その環境パフォーマンスを監視し，測定し，分析し，評価する．
● 組織は次の事項を決定する．

2.2 ISO 14001：2015 の要求事項のポイント

— 必要な監視及び測定の対象
— 監視，測定，分析及び評価の方法
— <u>組織が環境パフォーマンスを評価する基準及び適切な指標</u>
— 監視及び測定の実施時期
— 監視及び測定の結果の，分析及び評価の時期
●校正又は検証された監視及び測定機器を使用する．
●組織は，環境パフォーマンス及び EMS の有効性を評価する．
●<u>関連する環境パフォーマンス情報を，内部及び外部にコミュニケートする</u>．
●<u>監視，測定，分析及び評価</u>の結果の証拠として，適切な文書化した情報を保持する．

9.1 のタイトルが，附属書 SL によって"監視，測定，分析及び評価"とされたように，監視及び測定は，それ自体が目的ではなく，監視及び測定の結果を分析，評価してマネジメントシステム規格の有効性を含め適切な運用管理がなされていることを確認し，問題があれば是正，改善につなげることが重要である．

附属書 SL による要求事項は，監視及び測定の対象，方法及び時期を決定するだけではなく，分析と評価の方法及び実施時期も決定することを求めている．

また，EMS 固有で追加された"組織が環境パフォーマンスを評価するための基準，及び適切な指標"の意味については 6.2.2 で説明したとおりである．ただし，ここでは環境目標に対する指標に限定しておらず，運用管理や順守管理に必要な環境パフォーマンス情報全般に対する分析及び評価のために，指標化とその評価基準の設定を求めていることに注意が必要である．

監視及び測定機器の校正又は検証の規定は 2004 年版を踏襲している．

それらの結果を総合して，環境パフォーマンスと EMS の有効性を評価することが求められており，評価結果はマネジメントレビューで考慮される．

環境パフォーマンス情報に関する内部及び外部コミュニケーションに関する

要求事項は，7.4で規定される"順守義務を考慮に入れたコミュニケーションプロセスの計画"に従って実施する．

9.1.1での"文書化した情報"は，"証拠として"と記されていることから，従来の用語でいう"記録"を要求していると解釈してよい．

9.1.2　順守評価　POINT

- 順守義務を満たしていることを評価するプロセスを確立し，実施し，維持する．
- 組織は次の事項を行う．
  a) 順守評価の頻度を決定する．
  b) 順守を評価し，必要な場合，行動する．
  c) 組織の順守状況に関する知識と理解を維持する．
- 順守評価の結果について，文書化した情報を保持する．

9.1.2は全てEMS固有の細分箇条である．既述のように"順守義務"という用語を新たに採用したことで2004年版とは表現が違っているが，基本的な考え方は変わっていない．2004年版では"定期的"な評価が求められていたが，改訂版では"評価の頻度"は組織が決定する．b) で規定された"必要な場合"とは，順守義務違反が検出された場合の是正処置を求めるものである．c) の"知識と理解を維持する"という意味は，順守を評価する人が，評価対象となる順守義務の内容とその組織への適用について評価できる力量をもったうえでの評価を実施して順守状況に関する知識を獲得し，かつ"維持する"という用語は"最新の情報"を要求する表現であることから，順守義務に変化があれば遅滞なくその確認を実施することが求められている．順守義務の大きな部分を占める法的要求事項はより頻繁に制定・改正が行われており，順守義務の評価者は常に法的要求事項の内容について最新の知識をもたなければならない．

なお，この要求事項は，スタディグループ勧告11.(表1.7)に基づいている．

9.2 内部監査

9.2.1 一般
● 次の状況を確認するため定期的に内部監査を実施する.
　a) 次の事項への適合.
　　— EMS に関して, 組織が規定した要求事項
　　— この規格の要求事項
　b) 有効に実施, 維持されている.

9.2.2 内部監査プログラム
● 内部監査の頻度, 方法, 責任, 計画要求事項及び報告を含む, 内部監査プログラムを確立し, 実施し, 維持する.
● 内部監査プログラム確立の際に, プロセスの環境上の重要性, 組織に影響を与える変化, 前回までの監査結果を考慮に入れる.
● 次の事項を行う.
　a) 各監査の監査基準・範囲を明確化
　b) 客観性及び公平性を確保するために, 監査員の選定と監査の実施
　c) 監査結果の管理層への報告
● 監査プログラム及び監査結果の文書化した情報を保持する.

　内部監査に関する要求事項（9.2）は, 2001 年には品質と環境の監査に関する要求事項を一本化した ISO 19011:2001 が策定され, 2011 年には全てのマネジメントシステム規格の監査共通の指針として改訂されたこともあって, 附属書 SL の規定には特に新たな概念は入っていない. しかし, ISO 14001 においては 2004 年版の要求事項から大きく変化する内容が含まれていることに注意が必要である.

　附属書 SL では, 内部監査において EMS が"有効に (effectively)"実施され, 維持されていることの確認が求められている. この部分は 2004 年版では, "適切に (properly)"実施され, 維持されていると表現されていた. これまで

ISO 14001では意図的に"有効に"という言葉の使用を避け,"適切に"を使用してきた.これはISO 14001の初版開発時,すなわち1990年代前半頃にアメリカを中心として,マネジメントシステムの有効性は経営者だけが判断できることで,第三者審査はもとより,内部監査でも"有効性"を確認するのは不適切だとの強い主張があったためである.経営者は有効でないシステムをそのままにしておくはずがない,というのが当時のアメリカの信念であった.

本業に対するマネジメントシステムであればその主張は今でも正しいと思われるが,2000年代に入ると認証取得だけを目的とし,成果(パフォーマンス)が上がらなくともよいとする組織が世界中にあることが明らかになった.そこで,審査制度を統括する国際認定フォーラム(IAF)を中心に"有効性審査"が必要であるとの声が上がるようになった.

附属書SLはこうした経緯を反映して起草されており,"有効性の継続的改善"が包括的に求められていることを認識しなければならない.

9.3 マネジメントレビュー POINT

- トップは,定期的にEMSをレビューする.
- 次の事項を考慮する.
  a) 前回までのレビュー結果に対する処置の状況
  b) 次の事項の変化
    - 内部・外部の課題
    - 順守義務を含む,利害関係者のニーズ及び期待
    - 著しい環境側面とリスク及び機会
  c) 環境目標の達成度
  d) 以下を含む環境パフォーマンスの情報
    - 不適合及び是正処置
    - 監視・測定結果
    - 順守義務を満たすこと

― 監査結果
e) 資源の妥当性
f) 苦情を含む,外部の利害関係者からのコミュニケーション
g) 継続的改善の機会
●アウトプットには,次の事項を含む.
　　― EMSの適切性,妥当性及び有効性に関する結論
　　― 継続的改善の機会に関する決定
　　― 資源を含む,EMSの変更の必要性に関する決定
　　― 必要な場合,環境目標が達成されていない場合の処置
　　― 必要な場合,EMSの,他の事業プロセスへの統合を改善する機会
　　― 組織の戦略的方向性に関する事項
●マネジメントレビューの結果の証拠として,文書化した情報を保持する.

　マネジメントレビューの要求事項は,QMSやEMSでは従来インプットとアウトプットが規定されていたが,附属書SLではインプットという表現がなくなり,具体的な課題を列挙してそれらを考慮しなければならないという表現に代わっている.インプットしても,考慮しなければ意味がないからである.
　マネジメントレビューでの考慮事項としてEMS固有に追加された項目は,いずれも附属書SLの一般的な要求事項をEMSとして具体的に規定する趣旨で,特に説明は不要であろう.考慮する内容は,2004年版でインプットとして規定される8項目を全て包含しており,特に組織の状況を含めて"変化"に関するレビュー内容が拡充している.
　アウトプットについては,附属書SLで規定される2項目に,EMS固有の3項目が追加されている.このうち最後の"組織の戦略的方向性に関する事項"とは,組織の状況の変化を環境の視点からレビューした結果,EMSを超えて組織の事業戦略の見直しを必要とするような課題があれば明確にするという趣旨である.こうした大きな課題への具体的な対応は,組織の役員会などで審議

すべき事項であってEMSの範囲での対処を求めるものではない．

9.3での"文書化した情報"も保持するとされていることから，従来の"記録"に対応している．

改　善　／箇条10／

10.1　一般　POINT
- 組織は，環境マネジメントシステムの意図した成果を達成するために，改善の機会を決定し，必要な取組みを実施する．

附属書SLの箇条10は"不適合及び是正処置"から始まっているが，"改善"一般に関する包括的要求事項が必要であるとして，この細分箇条が導入された．ISO 9001:2015でも同様の追加がなされており，箇条10の目次構成は両規格で整合したものとなっている．

10.2　不適合及び是正処置　POINT
- 不適合が発生した場合，以下を実施する．
    - 不適合に対処，管理，修正処置をとる．
    - 環境に対する有害な影響の緩和を含め，結果に対処する．
- 不適合をレビューし，その原因を明確化する．
- 類似の不適合の有無，その発生の可能性を明確化する．
- 必要な処置を実施し，是正処置の有効性をレビューする．
- 必要な場合，EMSの変更を行う．
- 不適合の性質及びとった処置及び是正処置の結果の証拠として，文書化した情報を保持する．

不適合発生時には，まず対処し，真の原因を明確にしてそれを除去し再発防止の処置をとることが求められている．そのうえで，"類似の不適合の有無，又はそれが発生する可能性を明確にする"ことが要求されている．

"類似の"という言葉の意味は特に解説されていないが，本来の予防処置は計画段階で組み込むものという考え方は正しくても，計画段階で全てが想定できるものではない．やはり実際の不適合に遭遇し，その原因究明を通じて，計画段階では想定できなかった新たな課題(ヒューマンエラーやシステムエラー)が認識されることが多い．そうした気付きをどこまで拡大するかは組織の自由であるが，"類似の"という意味をできるだけ広く考慮することが望ましいだろう．事前の対処のほうが事後の対処よりも有効である．

不適合に対応する規定の中に"緩和"を追加したのは，2004年版の要求事項を踏襲したものである．これ以外にもマイナーなテキストの変更はあるが，基本的には附属書SLの要求事項どおりと考えてよい．

10.2での"文書化した情報"も，従来の"記録"に対応している．

10.3 継続的改善

POINT
● 環境パフォーマンスを向上させるために，EMSの適切性，妥当性及び有効性を継続的に改善する．

ここでも，4.4と同様に"環境パフォーマンスの向上"を強調するフレーズがEMS固有に追記されている．

10.3は"継続的改善"に関する包括的要求であり，特に"有効性"は"計画した活動を実行し，計画した結果を達成した程度"と定義され，また"パフォーマンス"は"測定可能な結果"と定義されている．これらを総合して考えると，"パフォーマンスの継続的改善"が求められていると解釈できる．

2.3　組織が考慮すべき主要な課題

ここまで ISO 14001：2015 の要求事項を概観してきたが，2004 年版から 2015 年版への移行に際して組織が特に考慮すべき主要な課題として，図 2.2 に示す 12 のポイントがあると筆者は考えている．

```
ISO 14001      12 のポイント         ISO 14001
2004 年版       ・組織の状況の理解    2015 年版
               ・環境に関する課題の拡大
               ・EMS の適用範囲の再考
               ・リスク及び機会への取組み
               ・環境パフォーマンスの重視
               ・プロセスとその相互作用
               ・事業プロセスへの統合
               ・経営者の責任
               ・コミュニケーション
               ・文書化した情報
               ・ライフサイクル思考
               ・順守義務の履行
```

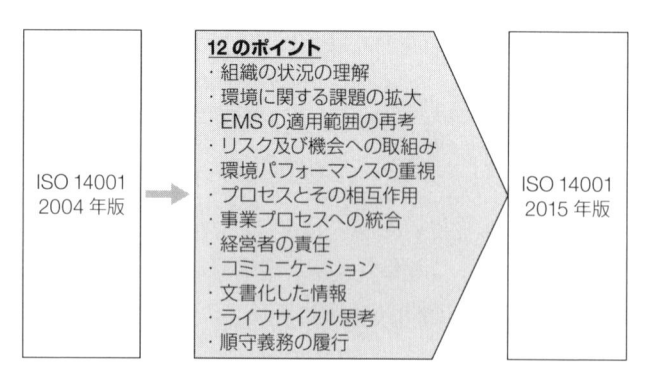

図 2.2　ISO 14001：2015 実施上の主要課題

この課題設定は，筆者の個人的見解であり，ISO/TC207/SC1 の公式見解ではない．また，組織ごとに 2004 年版の適用（実施）の内容は異なり，組織によっては既に 2015 年版の要求事項も全て満たしているところもあるかもしれない．ISO 14001 の要求事項は，世界の地域，業種，規模などにかかわらず適用可能なように規定されており，その解釈には柔軟性がある．2015 年版でもそうした柔軟性に変わりはないので，筆者が規格策定にかかわったからといってもその解釈やアドバイスは一例にすぎず，組織によっては別の解釈もあり得る．

こうしたことを十分認識したうえで，ISO 14001 の規格策定に 20 年以上関与し，企業での適用も十分経験した立場から，この 12 のポイントについて組織が考慮すべき内容や，実践上のヒントについて次章で解説する．

第3章 ISO 14001:2015 実践のポイント 12

3.1 組織の状況の理解
ポイント1

3.1.1 組織の状況に関する要求事項の解説

ISO 14001:2015 では，箇条4（組織の状況）の中で，"外部及び内部の課題（4.1）"と"EMSに関連する利害関係者とその要求事項及び順守義務（4.2）"を決定し，これらをEMSの適用範囲の決定（4.3），リスク及び機会（6.1）において考慮し，マネジメントレビュー（9.3）でそれらの変化をレビューすることが要求されている．

4.1及び4.2で要求される"外部及び内部の課題"と"EMSに関連する利害関係者とその要求事項及び順守義務"は，"戦略（上位）レベル"での理解を求めるもので，網羅的な情報収集や詳細な分析・評価を求めるものではない（本書2.2節参照）．

組織の状況の理解は，経営者がEMSに関する説明責任を果たすうえで不可欠な知識となり，組織のEMSのあり方を決定付けるものである．経営者が状況認識を誤ると事業経営がうまく行かないことは，環境経営でも全く同じである．

図3.1に"組織の状況"の概念を示す．組織は社会の中に存在し，社会は自然環境の中にある．組織の活動，製品及びサービスは社会や環境と相互に影響し合う．相互の影響が共存・共栄の方向に働けば組織は持続的に発展し，対立的な方向に働けば組織は存続できない．

こうした相互の影響に関連して外部及び内部の課題が生じ，それが組織にとって脅威又は機会の発生源となる．利害関係者は組織の内部にも存在し（主

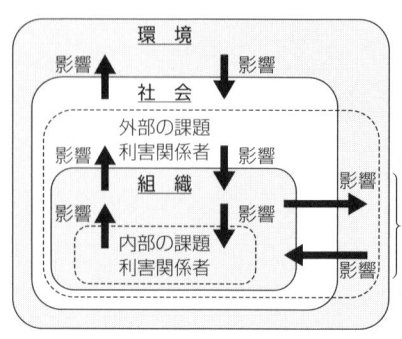

図3.1 組織の状況─社会・環境との相互作用

に従業員），利害関係者との関係も外部及び内部の課題に含まれる．ISO 14001:2015では，"外部及び内部の課題"と"利害関係者のニーズ及び期待"は分けて規定されているが，実務上は一体化して考慮してもよい．さらには後述する"リスク及び機会"の決定までを一つのプロセスとして実施してもよい．規格の箇条ごとにプロセスを考える必要はない．

本書2.2節で解説したように，これまでEMSは"組織が環境に与える影響"をマネージするものであったが，ISO 14001:2015では，外部の課題として"環境の変化が組織に与える影響"の考慮が求められ，組織と環境との関係を双方向でとらえている．双方向でとらえることも含め，環境に関する課題の拡大については本書3.2節で詳しく解説する．

要求事項に明記されているように，外部及び内部の課題は，"組織の目的"に関連し，かつ"EMSの意図した成果の達成に影響する"課題に限定して検討すればよい．

"組織のEMSの意図した成果"は，4.1での外部及び内部の課題を決定するための指針として明確に文書化した情報としておくことを推奨したい．なぜなら"組織のEMSの意図した成果"は，5.1（リーダーシップ）や6.1（リスク及び機会）の要求事項でも参照されるからである．

ISO 14001:2015の"規格の意図する成果"は，箇条1（適用範囲）の中で

次のように規定されている.

> 組織の環境方針と整合して,次の事項を含む.
> ― 環境パフォーマンスの向上
> ― 順守義務を満たすこと
> ― 環境目標の達成

"組織のEMSの意図した成果"は,上記の"規格が意図する成果"を最低限の中核として独自に設定すればよい."環境方針"の中に上記3項目を含め,環境方針の達成が自組織の"EMSの意図する成果"であると位置付けてもよいだろう.

EMSでの"利害関係者"は,その定義(3.1.6)に例として記載されるように"顧客,コミュニティ,供給者,規制当局,非政府組織(NGO),投資家,従業員"ときわめて幅が広い.

組織と多様な利害関係者との関係は,組織の事業内容,規模,立地などの様々な要因によって異なるため,"組織の目的"と"EMSの意図した成果の達成に影響する"度合いから優先順位を明確にしたうえで,順守義務として受け入れるべき事項を特定する.法的義務を含む順守義務の詳細な評価は,細分箇条6.1.3で実施するので,ここでは特に自主的に受け入れるべき順守義務の概要に関する知識を獲得すればよい.例えば,経団連の会員企業であるなら,経団連の"企業行動憲章"が順守義務に含まれると認識することが4.2で求められる内容になろう.そのうえで6.1.3(順守義務)の要求事項に従って,企業行動憲章の第5原則(環境問題への取組み)に関する実行の手引を参照して,具体的に自らの組織にどう適用するか,詳細な内容を決定することになる.

順守義務の決定に関する4.2と6.1.3の要求事項の間の線引きについて特に定めはなく,組織が決定すればよい.プロセスとして計画するうえでは,特に分離する必要はなく,一体として取り扱ってもよい.

利害関係者のニーズや期待を理解するためには，利害関係者とのコミュニケーションが不可欠であり，これについては本書 3.9 節（コミュニケーション）及び 3.12 節（順守義務への適合）の解説も参考にするとよい．

4.1 及び 4.2 では，明示的には"文書化した情報"は要求されていないが，組織の状況に関して獲得した"知識"を利用するために，必要な限りにおいて"文書化した情報"としておく必要がある．

また，マネジメントレビュー（9.3）で"外部及び内部の課題"の変化と"順守義務"の変化を考慮することが求められているため，これらの"知識"の獲得とその更新は継続的に実施する必要があり，この観点からも"文書化した情報"として獲得した"知識"を継続的に利用可能な状態にしておく必要がある．

グローバル化の進展や IT を中心とした技術の急速な変化，気候変動や資源問題を中心とした地球環境問題の深刻化など，組織をとりまく状況の変化はますます加速しており，変化への迅速かつ適切な対応が組織の命運を左右する．このような状況を背景に，組織の外部・内部の状況の変化をいち早く適切に認識して対応を決定するのはトップマネジメントの最も重要な責任である．経営者の責任については，本書 3.8 節で詳細に説明する．

"外部及び内部の課題"の例として，ISO 14001:2015 の附属書 A.4.1 に 3 項目が包括的に示されているが，これらは ISO 31000:2009（リスクマネジメント―原則及び指針）で，"外部状況"及び"内部状況"それぞれの定義の注記として記載されている項目をベースとして記載されている．ISO 31000 で例示されている"外部状況"及び"内部状況"の項目を表 3.1 に示す．

表 3.1 に示されるように，ISO 31000 では利害関係者に関する事項は"外部状況"及び"内部状況"の中にそれぞれ含まれており，一般の経営（事業）企画プロセスでもこれらは通常一体として扱われていることが多い．

"組織の状況の理解"は，EMS だけでなく，品質マネジメントシステム（ISO 9001:2015）や情報セキュリティマネジメントシステム（ISO/IEC 27001:2013）など様々なマネジメントシステム規格で共通に求められるものであるから，分野ごとに個別に実施せず，組織として全てを包含したプロセスで実施

3.1 組織の状況の理解

表 3.1 ISO 31000 による外部状況・内部状況の例

外部状況	内部状況
・国際，国内，地方又は近隣地域を問わず，文化，社会，政治，法律，規制，金融，技術，経済，自然及び競争の環境 ・組織の目的に影響を与える主要な原動力及び傾向 ・外部ステークホルダーとの関係並びに外部ステークホルダーの認知及び価値観	・統治，組織体制，役割及びアカウンタビリティ ・方針，目的及びこれらを達成するために策定された戦略 ・資源及び知識として見た場合の能力（例えば，資本，時間，人員，プロセス，システム及び技術） ・情報システム，情報の流れ及び意思決定プロセス（公式及び非公式の双方を含む） ・内部ステークホルダーとの関係並びに内部ステークホルダーの認知及び価値観 ・組織文化 ・組織が採択した規格，指針及びモデル ・契約関係の形態及び範囲

することができる．さらにいえば，ISO マネジメントシステム規格の採否にかかわらず，経営（事業）戦略の策定にあたって，組織の経営企画部門では従来から同様のことを実施しているはずであり，また事業継続計画やコンプライアンス，全社リスクマネジメントなどの取組みを既に実施しているのであれば，同様の実施例が社内にいくつも存在している可能性が高い．

大手企業では，既に事業報告書や有価証券報告書での環境関連課題の記載内容や株主総会での想定質問に対する回答の検討作業などを，IR 部門や経営企画部門と環境部門が協力して実施しているところも多い．もしまだそのような部門間連携がなされていないなら，"環境"に関する自社の置かれている状況について，IR 部門や経営企画部門と対話を始めることからスタートしてもよいだろう．

本書 3.7 節で"事業プロセスへの統合"について別途解説するが，"組織の状況の理解"というテーマこそ組織全体で一本化して実施するにふさわしい課題であり，また一本化して実施することで組織内の課題認識の共有化，部門間連携の深化，全社的業務効率化の促進，さらには事業継続計画や全社リスクマネジメントへの環境リスクの織り込みなど，EMS という枠を超えた成果が得

られるだろう．

3.1.2 経営戦略策定の基本とその代表的手法の適用例

利害関係者のニーズ及び期待を含めて"組織の状況"の理解は，"リスク及び機会"を決定するための出発点である．

図3.2に，ISO 31000:2009によるリスクマネジメントの枠組みとプロセスの基本構成を示す．ここに示されるように，"リスク"は"組織の状況"によって変わってくるもので，リスクを特定するための前提として"組織の状況"が確定されていなければならない．別の言葉で表現すれば"リスク"は"外部及び内部の課題"や"利害関係者の期待やニーズ"の中にある．

図3.3に，一般的な経営（事業）戦略の策定フローを示す．通例，まず外部環境分析（マクロ分析）として，組織が直面している，又は遠からず直面するであろう経営環境，すなわち経済や社会，政治や法規制の動向，技術や競合他

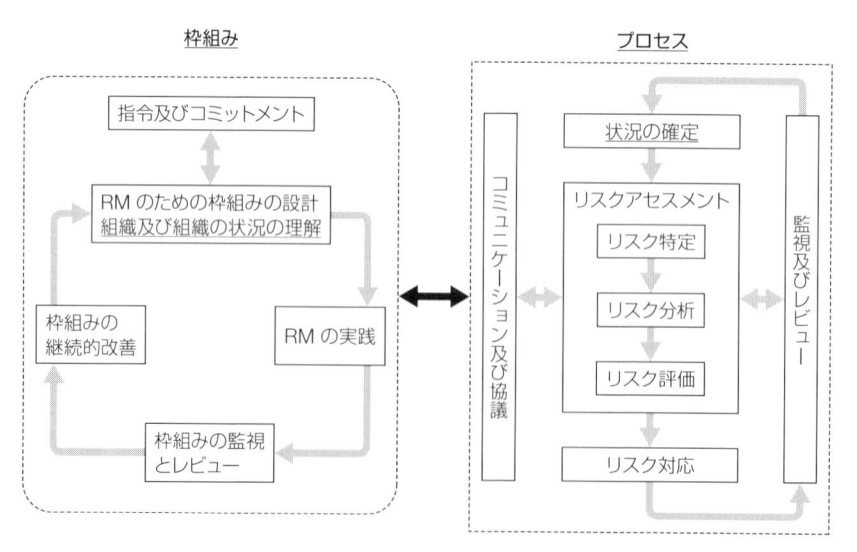

図3.2　組織の状況と"リスク"の関係

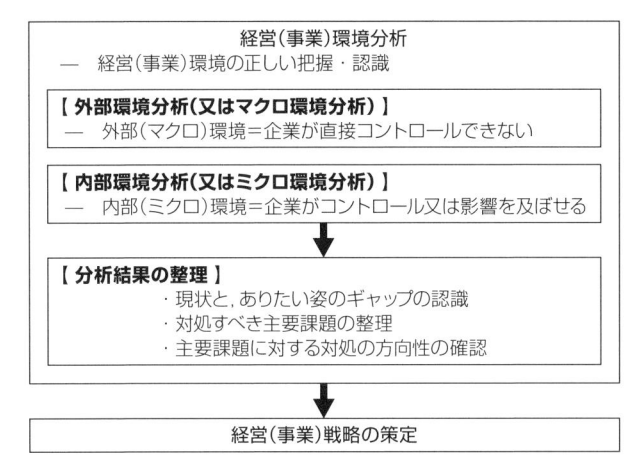

```
┌─────────────────────────────────────────────┐
│              経営(事業)環境分析                │
│   ─ 経営(事業)環境の正しい把握・認識           │
│  【外部環境分析(又はマクロ環境分析)】           │
│   ─ 外部(マクロ)環境＝企業が直接コントロールできない │
│  【内部環境分析(又はミクロ環境分析)】           │
│   ─ 内部(ミクロ)環境＝企業がコントロール又は影響を及ぼせる │
│  【分析結果の整理】                           │
│     ・現状と，ありたい姿のギャップの認識        │
│     ・対処すべき主要課題の整理                 │
│     ・主要課題に対する対処の方向性の確認        │
└─────────────────────────────────────────────┘
                      ↓
          ┌───────────────────────┐
          │   経営(事業)戦略の策定    │
          └───────────────────────┘
```

図 3.3 経営（事業）戦略の策定フロー（例）

社の動向などを俯瞰して，自社がどのような状況の中に存在しているのかを認識する．外部環境の分析を通じて，自社の経営にとって脅威となる課題，ビジネスにとって好影響を与えるような機会の存在などが明らかになる．

続いて，自社の内部環境分析（ミクロ環境分析）を行う．ここでは，自社の歴史やこれまで果たしてきた役割とその変化，蓄積してきた固有の技術やノウハウ，従業員や取引先などとの関係などを客観的に認識することで，自社の強みや弱みが明らかになってくる．

こうした分析結果に立脚して，どのような行動をとれば経営資源を最も有効に活用し，持続的な成功をもたらすことが可能になるかが決定される．これが経営（事業）戦略の決定である．戦略の決定はいかに情報を大量に集め，精緻に分析しても唯一の解が得られるような性質のものではない．最後は経営者（経営層）の暗黙知，経営センス，人生観などの主観的判断で決定される．

主観的判断が避けられないからといって，外部の状況や内部の状況に関する客観的な情報を全くもたず，思い込みや過去の経験だけに頼った経営戦略は失敗する可能性が高い．

2,500 年前，中国の兵法家である孫子は，"彼を知り己を知れば百戦して殆

うからず（知彼知己，百戦不殆）"と記している．"彼を知り"とは，"敵を知り"と表現される場合もあるが，要は相手，すなわち外部環境を理解することを指している．

"己を知る"とは，内部環境の認識にほかならない．外部・内部に関する知識があってこそ，戦に勝つことができる．"戦"は現代の組織にとって"経営"に相当する．戦はグローバルに及び，ますます激しさを増しているのが現代である．ISO 14001：2015 は，孫子の兵法を現代の環境経営に適用するものといえるだろう．

外部環境分析及び内部環境分析の手法には様々なものがあるが，ほとんどの手法は外部及び内部の課題認識にとどまらず，それらの課題から派生するリスク及び機会を特定するところまでを含んでいる．既存の経営分析手法を用いて，組織の状況認識に関する要求事項（4.1 及び 4.2）と 6.1 に規定される"リスク及び機会"の決定までを一気通貫のプロセスとして実施するほうが，実務的には効率的及び効果的になる場合も多いだろう．

"リスク及び機会"への取組みについては，本書 3.4 節で解説するが，ここでは EMS でも活用できる経営戦略策定手法の代表的な例を以下に紹介する．

● PEST（又は PESTLE）分析

"PEST（PESTLE）分析"とは外部環境分析手法の代表的なもので，"PEST"又はその拡張である"PESTLE"は，図 3.4 に示すように政治（Political），経済（Economical），社会（Social），技術（Technological），法（Legal），自然環境（Environmental）の頭文字である．

これらのカテゴリーごとに組織の目的や EMS の意図する成果に影響を与えそうな事象を書き出し，それらが具体的に自社にどのような影響（マイナス及びプラス）を与えるのかをリストアップする枠組みを提供する．具体的な実施方法は，ブレインストーミングやアンケート方式などが考えられるが，大切なことは組織の多様な部門の人々が参画すること，また可能であれば社外の有識者・専門家の声を聴いたり，業界団体や関連する省庁などが提示している様々

カテゴリー	事象 (外部の課題)	自社へのマイナスの影響 (脅威)	自社へのプラスの影響 (機会)
Political (政治的要因)			
Economical (経済的要因)			
Social (社会的要因)			
Technological (技術的要因)			
Legal (法的要因)			
Environmental (自然環境要因)			

図 3.4　PEST（PESTLE）分析

な情報や提言などを参照して作成するとよいだろう．

● SWOT 分析

SWOT 分析は，その名のとおり内部環境における企業の強み（Strength）と弱み（Weakness），外部環境における自社に対する脅威（Threat）と機会（Opportunity）となる事象を図 3.5 に示す四つの領域に分割したマトリックスのうえにリストアップする．

SWOT シートが完成したら，"S，W，O，T"の認識を組み合わせた，クロス SWOT とよばれる四つの課題に区分けした別のマトリックス（図 3.6）のうえで，"機会に対して強みを生かすには"，"脅威でも強みでチャンスにするには"，"機会を弱みで逃がさないためには"，"脅威と弱みで最悪事態を招かぬためには"という視点から適切な取組みを考察するツールである．

SWOT 分析は，外部環境，内部環境分析と対応策までを一括して検討するツールとして有用性が高い．しかし，SWOT となる事象を抽出するために PESTLE 手法などの他の分析ツールと合わせて利用することもできる．

	強み	弱み
内部環境		
外部環境	機会	脅威

図 3.5　SWOT 分析

	機会	脅威
強み	機会に対し強みを生かすには	脅威でも強みでチャンスにするには
弱み	機会を弱みで逃がさないためには	脅威と弱みで最悪事態を招かぬためには

図 3.6　クロス SWOT 分析

● 複数手法の統合的適用例

図 3.7 は，"PESTLE 分析"と"SWOT 分析"を一体化した評価シートの

外部環境	事象(課題)	機会	脅威
P：政治			
E：経済			
S：社会			
T：技術			
L：法規制			
E：自然環境			
内部環境	事象(課題)	強み(機会)	弱み(脅威)
固有技術			
技術開発力			
従業員の力量			
ブランド力			
その他			

図 3.7 PESTLE 分析と SWOT 分析の組合せ（例）

例である．SWOT 分析の，外部環境の縦軸には PESTLE を記載し，内部環境の縦軸は ISO 14001:2015 の附属書 A.4.1 に例示された内部の課題を参考に，筆者が例として項目を記載した．左端の欄で検討事項をカテゴリー分けすることで SWOT 分析の対象となる事象の抽出が容易になる．

ここで紹介した手法はあくまでも参考例で，組織はどのような手法を使用してもよい．本節の冒頭でも述べたが，外部及び内部の課題及び利害関係者の期待やニーズは"戦略（上位）レベル"で実施するもので，網羅的かつ詳細なものとすることは要求されていない．どこまで，どのように実施するのかは全て組織が決定すればよい．

3.2 環境に関する課題の拡大
ポイント2

3.2.1 環境に関する四つの課題

ISO 14001:2004 では，環境方針の中で"汚染の予防"に関するコミットメントが求められており，"汚染の予防"は次のように定義されていた（この定

義は，2015年版でも変わっていない）．

> **汚染の予防（prevention of pollution）**
> 　有害な環境影響を低減するために，あらゆる種類の汚染物質又は廃棄物の発生，排出，放出を回避し，低減し，管理するためのプロセス，操作，技法，材料，製品，サービス又はエネルギーを（個別に又は組み合わせて）使用すること．
> 　参考　汚染の予防には，発生源の低減又は排除，プロセス，製品又はサービスの変更，資源の効率的使用，代替材料及び代替エネルギーの利用，再利用，回収，リサイクル，再生，処理などがある．

　"汚染の予防"という用語は，世界最初のEMS規格であるBS 7750：1992では使われておらず，ISO 14001：1996開発審議の中でアメリカの強い要望に基づいて採用された用語である．この言葉は，当時の米国環境保護庁（US EPA）の政策キーワードで，この言葉が規格に入ることでUS EPAの規格への支持が得られるとのことであった．上記の定義を読めば，省エネルギーや省資源への取組みも"汚染の予防"に包含されるきわめて広い定義になっているが，それでも環境問題の全てを包含するものではない．

　省エネ活動を"汚染の予防"と結び付けて実施するということは，日本企業の取組みの位置付けとして実態からかい離している．日本だけでなく，EU諸国も全ての環境問題が"汚染の予防"に包含されるわけではなく，なぜ"汚染の予防"だけをコミットメント項目に挙げるのか違和感をもったエキスパートも多かった．しかしながら，環境問題を列挙すれば際限がなくなる可能性があり，アメリカの提案に対する審議はほとんどされないまま採用された．

　組織が対処すべき環境問題の全体像を提示したのは，2010年に発行されたISO 26000（社会的責任に関する手引）である．ISO 26000：2010の細分箇条6.5（環境）の概要を図3.8に示す．

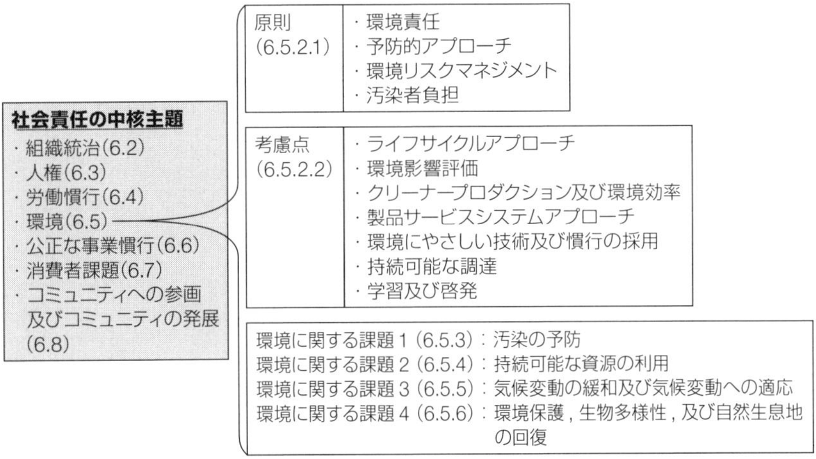

3.2 環境に関する課題の拡大　　91

```
社会責任の中核主題
・組織統治(6.2)
・人権(6.3)
・労働慣行(6.4)
・環境(6.5)
・公正な事業慣行(6.6)
・消費者課題(6.7)
・コミュニティへの参画
 及びコミュニティの発展
 (6.8)
```

原則 (6.5.2.1)	・環境責任 ・予防的アプローチ ・環境リスクマネジメント ・汚染者負担
考慮点 (6.5.2.2)	・ライフサイクルアプローチ ・環境影響評価 ・クリーナープロダクション及び環境効率 ・製品サービスシステムアプローチ ・環境にやさしい技術及び慣行の採用 ・持続可能な調達 ・学習及び啓発

環境に関する課題1 (6.5.3)：汚染の予防
環境に関する課題2 (6.5.4)：持続可能な資源の利用
環境に関する課題3 (6.5.5)：気候変動の緩和及び気候変動への適応
環境に関する課題4 (6.5.6)：環境保護，生物多様性，及び自然生息地の回復

注：( )内は ISO 26000 の箇条番号

図 3.8　ISO 26000 と環境課題

この図に示すように，ISO 26000 では"環境"は組織が対処すべき社会的責任の七つの中核主題の一つに位置付けられ，6.5 で"環境"に関する取組みの手引が示されている．6.5 では，"環境"に取り組むうえでの原則と考慮点が提示されるとともに，"環境に関する課題"が四つに分類され，それぞれに対して"課題の説明"と"関連する行動及び期待"が示されている．

本書 2.2 節の細分箇条 5.2 に関する説明で述べたように，ISO 26000 の 6.5 との整合性を求めるスタディグループ勧告 5 及び 6（表 1.7）により，EMS が対処すべき課題として，従来の"汚染の予防"から ISO 26000 による四つの環境課題への拡大が明示的に示されることになった．

"環境に関する課題の拡大"としては，このような環境問題のジャンルの拡大に加えて，"組織"と"環境"との関係を双方向でとらえるという概念の拡大もある．

ISO 14001:2004 は，組織の活動，製品及びサービスの，環境に著しい影響を与える又は与える可能性のある側面（すなわち著しい環境側面）を管理する仕組みを提供するものであった．すなわち，もっぱら"組織が環境に与える影

響"に注目しており，"環境が組織に与える影響"という逆方向の影響については一切触れられていなかった．これに対して ISO 14001:2015 では，**図 3.9** に示すように"組織"と"環境"との関係を双方向の影響でとらえている．

"環境"が"組織"に与える影響の例は，本書 2.2 節の箇条 4（組織の状況）で解説したとおりであり，そうした影響は組織にとって悪影響（脅威）となるだけでなく，ビジネスの"機会"にもなり得ることを認識することが重要である．**図 3.10** は，生物多様性問題を考えるうえでの"組織"と"生物多様性及

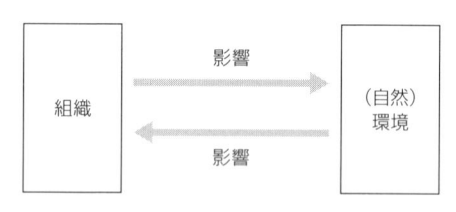

図 3.9　"組織"と"環境"の関係

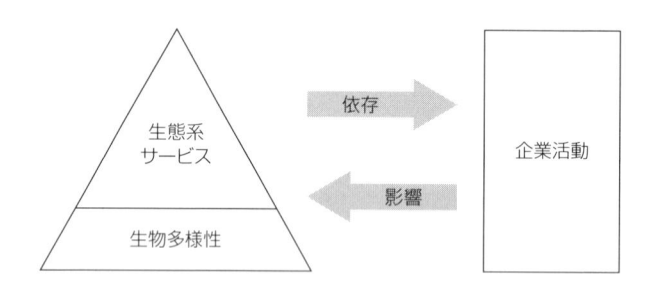

生態系サービス(Ecosystem service)とは：

供給サービス (Provisioning services)	食料，淡水，木材及び繊維など，生態系から得られる財や製品
調整サービス (Regulating services)	気候，疾病，土壌侵食，水流，花粉媒介及び自然災害からの防護など，生態系が自然のプロセスを制御することから得られる恵み(benefits)
文化的サービス (Cultural services)	レクリエーションの場，霊的な価値，審美的な喜びなど，生態系から得られる非物質的な恵み(benefits)
基盤サービス (Supporting services)	他のサービスを維持するための栄養素の循環や一次生産等の自然のプロセス

図 3.10　生物多様性と組織

3.2 環境に関する課題の拡大　　93

びそれが組織に提供する生態系サービス"の関係を示したものである．

"生態系サービス"とは，"生物多様性"が人間に与えてくれる便益であり，人類は毎日呼吸する酸素や，食料・水といった生存のための基本的な資源を生物圏に依存している．複雑な企業活動もまた，様々な生態系のサービスに依存している．"生物多様性"の破壊は人類の生存を脅かすことにつながっている．

"組織"と"環境"の影響を双方向でとらえるとともに，"環境"に依存しているという事実もしっかりと認識しておかなくてはならない．

3.2.2　持続可能な開発と環境

企業が対処すべき環境課題を，より深く理解するための主な参考文献を**表 3.2**に示す．

この表の中で，日本経団連の企業行動憲章やISO 26000などは"環境"を含む組織の社会的責任や"持続可能な開発（sustainable development：持続可能な発展と訳されることもある）"にかかわる内容を包含している．

"持続可能な開発"とは，国連の"持続可能な開発に関する世界委員会（通称，ブルントラント委員会）"が1987年に公表した報告書"われら共通の未来"の中心的な理念とされ，その後1992年にリオデジャネイロで開催された地球サミットで"環境と開発に関するリオ宣言"や"アジェンダ21"によって具体化され，世界共通の理念として確立した．

その後1997年に，イギリスのコンサルティング会社であるサスティナビリティ社代表のジョン・エルキントン氏が，企業の成績は決算書の最終行（ボトムライン）に記載される収益・損失（経済的側面）の結果だけでなく，"社会的側面"及び"環境的側面"についての取組みの成果（成績）を合わせて評価すべきという"トリプル・ボトムライン"の考え方を提示した．この考え方はGRI（グローバル・レポーティング・イニシアティブ）の持続可能性報告ガイドラインの基盤となり，欧米の優良企業の支持を得て世界に普及した．

"トリプル・ボトムライン"は当初"経済的側面"，"社会的側面"及び"環

表 3.2　環境課題をより深く理解するための主な参考文献

環境課題	国の基本政策及び指針等	産業界のイニシアティブ等
環境全般	・環境基本計画 ・環境・循環型社会・生物多様性白書 ・環境報告ガイドライン2012年版 ・(エネルギー基本計画)	・ISO 26000：2010 ・GRI ガイドライン第4版 ・日本経団連企業行動憲章 ・同　実行の手引（第6版）
汚染の防止	・公害防止基本計画 ・事業者の公害防止に関する環境管理 GL ・廃棄物リサイクルガバナンス GL	・製品含有化学物質管理 GL ・JIS Z 7201：2012（製品含有化学物質管理―原則及び指針）
気候変動の緩和と適応	・(地球温暖化対策計画：策定中) ・温室効果ガス排出量算定・報告マニュアル ・サプライチェーンを通じた温室効果ガス排出量算定に関する基本 GL ・IPCC(気候変動に関する政府間パネル) 　―第5次評価報告書 ・(気候変動適応計画：策定中)	・日本経団連低炭素社会実行計画 ・日本経団連環境自主行動計画（温暖化対策編）
持続可能な資源の利用	・循環型社会形成基本計画 ・企業連携で取り組む省資源入門 ・サプライチェーン省資源化連携促進事業事例集	・日本経団連環境自主行動計画（循環型社会形成編）
生物多様性	・生物多様性国家戦略 ・生物多様性民間参画 GL	・日本経団連生物多様性イニシアティブ ・日本経団連生物多様性宣言 ・日本経団連自然保護宣言

注：GL は，ガイドラインを意味する．

境的側面"を独立してとらえることからスタートしたが，最近ではこれら三つの側面が融合（統合）していく傾向が顕在化している．

例えば，環境に配慮した物品・サービスを調達（購入）する"グリーン調達（購入）"が，環境だけではなく CSR 全般への配慮を求める"CSR 調達"や"倫理調達"という考え方に拡大しつつある．

このような動向については，本書3.11節（ライフサイクル思考）で詳しく解説する．また，このようなトレンドへの配慮は，本書3.3節（適用範囲の再考）や3.7節（事業プロセスへの統合），3.12節（順守義務の履行）などの課題とも密接に関係しており，最終的には組織の状況の理解（本書3.1節）に立脚して，経営者が戦略的観点から組織としての適切な対応のあり方を決めるべき事項である．

"組織"と"環境"との関係は，組織の業種，規模，立地などによって異なるため，表3.2に示す文献に加えて業界団体などによる固有の目標設定やその優先順位，取組み事例などを参照し，組織の状況に適した取組みを進めてゆくことが望ましい．

3.3 EMSの適用範囲の再考
ポイント3

3.3.1 EMSの適用範囲に関する要求事項の変化

EMSの適用範囲について2004年版では，4.1（一般要求事項）の中で"組織は，その環境マネジメントシステムの適用範囲を定め，文書化すること"と規定されているだけで，適用範囲を決定する際に考慮すべき事項などに関する要求はない．2004年版の附属書A.1（一般要求事項）では，"組織は，その境界を定める自由度と柔軟性をもち，この規格を組織全体に対して適用するか又は組織の特定の事業単位に対して実施するか選択してもよい"と説明されている．

2004年版に向けての改訂審議の中で，組織が著しい環境側面をもつ部分を意図的に適用範囲から除外して認証を取得する"カフェテリア認証"の問題が審議された．

"カフェテリア認証"とは，事業所の中で著しい環境側面をもたない部分の代表例として従業員が食事をとる"カフェテリア"を取り上げ，それだけをEMSの適用範囲として認証を受け，あたかも事業所すべてが認証されたかの

ごとくアピールするという悪質なケースを示す言葉である．

"カフェテリア認証"に対しては，2004年版の附属書A.1で"環境マネジメントシステムへの信頼性は，どのように組織上の境界を選択するかによって決まることに留意するとよい．もし組織の一部を環境マネジメントシステムの適用範囲から除外するならば，組織はその除外について説明できるようにするとよい"との解説が記載された．

ISO 14001を組織の一部に適用する場合の条件をさらに明確化した例として，2006年にイタリアで公開され，TC207/SC1に報告された解釈がある．それによると，EMSの適用範囲としての"組織"は，組織の定義にのっとり"独自の機能及び管理体制をもつことが前提となる．そのためには，責任と権限，独立のマネジメント，資源の利用，そして特に環境方針の策定権限，環境側面の特定と管理の独立性，法的及びその他の要求事項を順守できる責任，運用管理の責任などをもたなければならない"と指摘し，こうした責任と権限を有することを保証する条件として，次の事項を記載している．

活動，製品及びサービス：他の事業単位の下にある力量に関して当該事業単位に帰する責任を適切に特定し定義することが必要．

法的及びその他の要求事項：当該事業単位に適用される要求事項に適合するための責任と能力が全てその事業単位に帰されなければならない．

環境側面：管理と影響について他の事業単位の下にある能力に関して責任が明確に区分されていなければならない．

組織構造：他の事業単位と責任が明確に区分されていなければならない．

工場や装置などのマネジメント：同一の部分を共有する可能性のある他の事業単位との明確な責任区分が必要．

EMSの適用範囲を適切に定めることは，現在でもEMSの認証制度の信頼性を確保するために重要な課題である．ISO 14001：2015でも適用範囲の決定

は組織の自由裁量に任されていることに変わりはないが，適用範囲を決定する際に考慮すべき次の事項が規定された（細分箇条 4.3）．

- 4.1 に規定する外部及び内部の課題
- 4.2 に規定する順守義務
- 組織の単位，機能及び物理的境界
- 組織の活動，製品及びサービス
- 管理し影響を及ぼす，組織の権限及び能力

加えて，適用範囲は文書化した情報として利害関係者が利用可能とすることが要求され，適用範囲に関する組織の説明責任が強化されている．

上記の考慮事項は"カフェテリア認証"の防止という観点だけで導入されたわけではない．この部分に限らず，全ての要求事項は規格全体の文脈の中で理解する必要がある．細分箇条 4.1 は，組織の置かれている状況に関するハイレベル（戦略レベル）の認識を求めている．"順守義務"は後述するように，それまでの個別事象所ごとから組織全体を包含する方向に急速にシフトしている．

上記のうち 3 番目，4 番目の事項は，イタリアの解釈を参考に理解するのがよいだろう．最も意味深長なのは最後の事項である．管理及び影響力は，当然ながら一事業所より本社を含む組織全体のほうが大きい．

ISO 14001：2015 では，"ライフサイクルの視点の考慮"が，環境側面の特定や，運用の計画及び管理で求められている．細分箇条 4.1 及び 4.2 によるハイレベルな認識や，ライフサイクルの視点の考慮などの新たな要求事項へ対応するために適用範囲をどう定めることが望ましいかについて再考する必要がある．

3.3.2 考慮すべき社会的動向

適用範囲を再考するうえで重要な事項として"順守義務"をめぐる動向を概

観してみよう．省エネ法（エネルギーの使用の合理化及び管理の適正化に関する法律）は 2008 年の改訂により，従来の事業所単位の規制から組織全体（法人単位）に対する規制に変化した．従来，事業所ごとに提出が義務付けられていた定期報告や中長期報告も，組織単位でまとめて報告することが義務付けられた．これとともに本社に役員クラスの"エネルギー管理統括者"を任命することも義務付けられている．

　事業所の取組みを本社が統括して一元的に報告するという規制体系は，2013 年 6 月に公布，2015 年 4 月から全面施行される"改正フロン法（フロン類の使用の合理化及び管理の適正化に関する法律）"によるフロン漏えい量の年次報告でも採用されている．

　廃棄物管理や公害防止管理は事業所ごとの管理を基本としているが，廃棄物管理については青森・岩手県境不法投棄事件と両県による多数の排出事業者への措置命令発出などの重大事案をきっかけに，2004 年 9 月に経済産業省が"排出事業者のための廃棄物・リサイクルガバナンスガイドライン"を公表し，廃棄物管理についても事業所任せにするのではなく，本社がガバナンスの一環として全社的な内部管理を統括することを求めている．

　公害防止管理についても，2005 年～2006 年に多くの大手企業による大気汚染防止法及び水質汚濁防止法による測定義務違反やデータ改ざん事件が発覚したことから，経済産業省と環境省は 2007 年 3 月に"事業者向け公害防止ガイドライン"を公表し，ここでも本社環境管理部門や経営者による事業所の公害防止管理の指導・監督の強化を求めている．本書ではこれらの内容の説明は割愛するが，これら文書は公開されているので，まだ読んだことがない読者には一読することをお勧めしたい．

　法規制以外の分野でも，特に企業情報開示に関する要求において，組織単体ベースではなく"連結ベース"での報告を求めることが主流になりつつある．環境省の環境報告ガイドライン（2012 年版）では，環境報告の組織の範囲は，"原則として連結決算対象組織全体が基本"とされている．

　我が国の会計制度は国際標準と整合するため，2000 年 3 月期から連結会計

制度が義務付けられ，有価証券報告書の記載内容も連結決算が主で，個別決算が従とされた．これとともに，従来は"子会社"は議決権の過半数を実質的に所有しているか否か（持株基準）によって判定されていたものが，財務及び営業又は事業の方針を決定する機関を支配しているか否か（支配力基準）によって判定されることとなった．

"関連会社"についても，持株基準から，"影響力基準"（財務及び営業又は事業の方針決定に重要な影響を与えるか否か）によって判定される．会計制度で用いられる用語"支配力"と"影響力"は，英語では"control"と"influence"で，EMS でおなじみの用語"管理できるもの"と"影響を及ぼせるもの"と全く同じである．

ISO 14001 の適用に関する解説書である本書の中で，会計制度に関する基準の説明を掲載することに違和感を覚える読者もおられるかと思うが，"経済"，"環境"の統合は企業情報開示の分野では急速に進んでおり，財務会計報告制度の動向は環境マネジメントのあり方にも重要な影響を与えることを認識しておかなくてはならない．

"環境"や"CSR"に関する企業情報開示（非財務情報開示）は，財務情報開示における"連結"対象範囲との整合を求めることが当たり前になりつつある．既に述べた環境省の環境報告ガイドラインだけでなく，GRI（グローバル・レポーティング・イニシアティブ）による持続可能性報告ガイドライン[*4]や ISO 14064-1（組織における温室効果ガス排出量及び吸収量の定量化及び報告のための仕様並びに手引）などでも"連結"を基本とする要求事項になっている．

ISO 14064-1（JIS Q 14064-1）による組織の境界に関する要求事項及び 14064-1 の附属書 A における解説を，抜粋して次に示す．

[*4] 最新版は 2013 年発行の第 4 版で，G4 と呼称されている（執筆時現在）．

4.1 組織の境界

組織は，次のアプローチのいずれかを用いて，施設レベルでの GHG の排出量及び吸収量を連結しなければならない．

a) 支配：組織は，自らが財務支配力又は経営支配力を及ぼす施設からの GHG の排出量及び／又は吸収量を算入する．

b) 出資比率：組織は，その出資比率に応じ，それぞれの施設からの GHG の排出量及び／又は吸収量を算入する．

附属書 A（参考）各施設データの組織データへの連結

・可能であれば，組織は，財務報告について確立済みの組織の境界に従うことが望ましい．

・支配アプローチを採用する組織は，自らが支配する事業からの GHG の排出量又は吸収量を 100% 算入する．

企業の非財務情報開示は，有価証券報告書など法定開示の中でも増えてきており，EU では，2014 年 10 月 22 日に公布された"大企業による非財務情報と多様性情報の開示に関する EU 指令 2013/34/EU を改正する指令（2014/95/EU）"の中で大企業（従業員 500 人以上）に環境，社会，多様性（人種，性別など）の非財務情報開示が義務付けられた．このような制度改正の動向はやがて我が国にも及んでくるだろう．

非財務情報開示の拡大の中で，組織境界（連結）の外部（上流と下流）に関する情報開示の要請も強まってきている．

組織境界（連結）の外部での温室効果ガス排出量の算定と報告のガイドラインは，2011 年に世界の環境優良企業を中心とした WBCSD（持続可能な開発のための経済人協議会）と WRI（世界資源研究所）を中核とした国際 NPO である"GHG プロトコル"によって"スコープ 3"ガイドラインが発行された．"スコープ 3"を含め，ライフサイクル思考に関する事項については本書 3.11

ISO 14001 の適用は，我が国においても，EU を含むその他地域でも製造業の事業所（サイト）から始まり，現在でもサイト単位での適用が主流である．

しかしながら，ISO 14001 改訂に関するスタディグループの勧告（本書 1.4 節参照）で示唆されたように，サイトごとの操業レベルでの EMS 適用の効果には限界があり，ますます悪化する世界的な環境問題への対処としては十分な効果を上げていないことが明らかになってきている．こうした背景から，2015 年の改訂は EMS の適用を"経営戦略レベル"に引き上げることを明確に意識して審議が行われた．

繰返しになるが，適用範囲の決定は組織の専権事項であることに変更はない．しかし，組織には自らが置かれた状況や期待されることを十分踏まえて適用範囲を決定することが求められている．ISO 14001:2015 への移行に際して，組織には 10 年，20 年後まで有効な EMS とするためにはどのように適用範囲を定めればよいのか，再考する機会とすることを期待したい．

3.4 リスク及び機会への取組み
ポイント4

3.4.1 リスクに関する要求事項の意図

ISO 14001:2015 では，附属書 SL によって"リスク及び機会への取組み"と題した要求事項（細分箇条 6.1）が導入された．附属書 SL のコンセプト文書（本書 1.3.1 項）では，6.1 に規定された"リスク及び機会"に関する要求事項のコンセプトとして，次のように解説している．

> リスク及び機会への取組みに関するこの箇条の意図は，マネジメントシステムを確立するための前提条件として必要とされる計画に関する要求事項を規定することである．ここでは，何を考慮する必要があるか，及び，

> 何について取り組む必要があるかについて規定している．ここでの計画が戦略レベルで行われるものであるのに対して，実施計画（tactical planning）は，運用の計画及び管理（8.1）において行われる．

　すなわち，この部分の要求事項も ISO 14001：2015 の細分箇条 4.1 及び 4.2 による認識に基づき，その延長上でハイレベルなリスク及び機会に関する理解を求めるもので，詳細なリスクアセスメントを求めるものではない．
　さらに，コンセプト文書の細分箇条 6.1 に対する手引き・例又は注釈欄には，次のような説明が記載されている．

> 　"リスク及び機会"を規定していることの意図は，有害若しくはマイナスの影響を与える脅威をもたらすもの，又は，有益若しくはプラスの影響を与える可能性のあるものを広く示すことである．リスクという用語の専門的，統計的又は科学的な解釈と同じものを意図しているのではない．
> 　脅威及び機会の決定は，非公式な手段によって行なうことも，又は正規の定性的若しくは定量的方法論によって行なうこともある．

　上記の文書で"正規の定性的若しくは定量的方法論"というものは，ISO 31000（リスクマネジメント―原則及び指針）及びその関連規格［IEC/ISO 31010（リスクマネジメント―リスクアセスメント技法）など］に準拠したリスクマネジメントプロセスを適用することを意味している．
　ISO 14001 改訂 WG では"リスクベース思考"を導入するが，正規のリスクマネジメントの方法論は採用しないことを合意したうえで要求事項を記述しているので，附属書 SL のコンセプト文書の表現によれば"非公式な手段"でよいということである．
　ISO 14001：2015 では，附属書 SL による"リスク及び機会"という表現を

3.4　リスク及び機会への取組み

"潜在的で有害な影響（脅威）及び潜在的で有益な影響（機会）"と定義した．

　なぜ ISO 14001 でこのような定義が必要なのか，疑問に思われる読者も多いだろう．本書は ISO 14001:2015 への対応を計画するときに実務的に参考となる情報を提供することを主眼としているので，概念的な詳細説明は不要かもしれないが，本件はきわめて重要な変更なので，その理由の要旨だけを述べておきたい．

　附属書 SL で"リスク及び機会"という表現が採用され，リスクの定義として"不確かさの影響"と規定されたことに対して，ISO 31000 を中核とするリスクマネジメントの規格を所管する TC262 から重大な誤りであるとの指摘がなされた．理論的な詳細は割愛するが，ISO では用語の定義とその使用が適切かどうかを確認する手法として"代替の原則（substitution principle）"というものがある．

　例えば，"製品"という用語を"あらゆる物品及びサービス"と定義したとしよう．そのうえで，要求事項（又は箇条のタイトルなど）で"製品からの温室効果ガスの排出量"という表現をしたとき，用語をその定義で置き換えた文章が全く同じ意味で理解可能でなければならない．

　上記の例に代替の原則を当てはめると，"あらゆる物品及びサービスからの温室効果ガスの排出量"となり，何ら問題はないことがわかる．

　では，附属書 SL の"リスク及び機会"に"リスク"の定義を当てはめてみよう．結果は，"不確かさの影響及び機会"となって意味不明になる．リスクの定義を ISO 31000 と同じ"目的に対する不確かさの影響"に変えてもやはり意味が通じない．これは定義とその使用法に誤りがあることの証拠となる．

　ISO 31000 では"リスク及び機会"という表現は一切使用されておらず，"機会"の対となるものは"脅威"である．これは ISO/TR 31004（リスクマネジメント―ISO 31000 実施の手引）の次の説明によって明らかにされている．

　　Risk can expose the organization to either an opportunity, a threat or both.（リスクは組織を機会，脅威又は双方にさらす．）

　同様の概念は，英国国家規格 BS 6079-3（プロジェクトマネジメント―第3

部：ビジネスに関連するプロジェクトリスクのマネジメントの手引）の中で，図 **3.11** に示す図で明示されている．改訂 WG では，この図がリスク及び機会の概念の理解に大きな役割を果たした．

なお，本書 3.1 節で紹介した"SWOT 分析"においても，"脅威"と"機会"が対になっている．

リスクを"脅威"と"機会"に選別し，それぞれのレベル（影響の大きさ）を考える．"脅威"の軸では，"許容できない脅威"（すなわち何か手を打たなければならないもの）から，"価値があるなら許容する脅威"，"ささいな・許容可能な脅威"の 3 段階にレベルを分けている．"機会"の軸も同様に 3 段階に区分されているが，各区分の表現が"脅威"と異なっている．この違いが"脅威"と"機会"の概念の違いを反映している．

最も大きな機会となる部分は"決定的"と表現されており，このような機会をとらえそこなうことは，組織（BS 6079 の場合は"プロジェクト"）にとって大きな損失となる．次のレベルは"望ましい"で，できればこの機会を活用したほうがよいもの．そして最後のレベルは"無視できる"というもので，組織（プロジェクト）の目的遂行に大きく寄与するものではないということを示している．

前掲の附属書 SL コンセプト文書で，"脅威及び機会の決定は，非公式な手段によって行なうことも，又は正規の定性的若しくは定量的方法論によって行なうこともある"と説明されているように，JTCG も"脅威及び機会"という

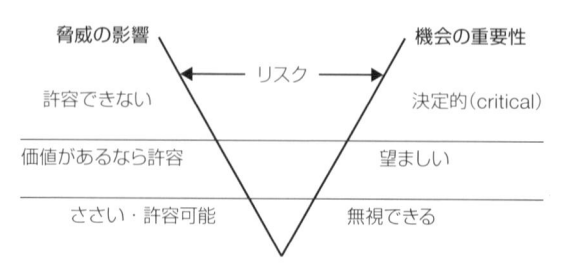

図 **3.11** リスク，脅威，機会の関係

フレーズを使用している．

"リスク"と"機会"の概念やその関係性については，ISO 14001改訂が終了した後も附属書SLの将来の改訂などをめぐって専門家の間で難しい議論が続くことになると思われるが，組織で実務的に対応するためには附属書SLのコンセプト文書に説明されているように，EMSの意図する成果の達成にマイナスの影響を及ぼす可能性がある"脅威"と，プラスの影響を与える"機会"を組織の状況の理解に基づいて抽出し，それらの課題に優先順位をつけて対応するということが要求事項の本旨であるとして対応すればよい．

第2章で紹介したように，ISO 14001:2015の6.1（リスク及び機会への取組み）は，6.1.1（一般），6.1.2（環境側面），6.1.3（順守義務），6.1.4（取組みの計画策定）の四つの細分箇条に分割されている．

このうち，6.1.2（環境側面）と6.1.3（順守義務）に関する要求事項は2004年版の要求事項をほぼ踏襲しており，ISO 14001に対する認証を取得済の組織にとってはこの部分に対応する仕組み（プロセス）は既に存在している．

問題は，新たに導入されたリスク及び機会の要求事項（6.1.1）をどのように組織に適用するかである．

改訂審議の中で合意形成に最も長い時間を要した部分が，附属書SLによって導入された"リスク及び機会"と，従来からの"著しい環境側面"及び"順守義務（2004年版では"法的及び組織が同意したその他の要求事項"）"との関係である．

2004年版の要求事項（4.3.1）では"著しい環境側面"は"著しい環境影響を与える又は与える可能性のある（環境）側面"と規定されているため，環境に対する影響の大きさという単一の指標で"著しさ"を決定すればよい．

また，ここで"与える可能性のある"という表現が使用されていることで，"リスク"という言葉は使用されていなくとも，可能性（不確実性）を考慮に入れるということは"リスク"を考慮することになる．

さらに，ISO 14001:2004の附属書Aでは，"著しい"と判断するための基準及び方法を確立することを奨励しており，そのような基準について"環境上

の事項，法的課題及び内外の利害関係者の関心事に関係するような評価基準の確立及び適用を含むものであるとよい"と述べている．

"利害関係者の視点"など環境への影響以外の要素を考慮するということは，仮に環境への影響がさほど大きくなくとも，利害関係者が高い関心を寄せる課題については"著しい環境側面"として取り上げて対応するとよいという意味になる．

図 3.12 に"著しい環境側面"を特定する基準の二つの概念の違いを示す．

（A）は"著しさ"を環境に対する影響の大きさという単一の基準（閾値）によって決定する概念を示している．（B）は環境に対する影響の大きさ（横軸）だけでなく，"利害関係者の関心事"の大きさ（重要度）を縦軸に加えて，二つの視点から著しい環境側面を決定する概念を表している．（A）でも（B）でも"影響の大きさ（重要度）"には，例えば"有害物質の流出事故が発生した場合"というような将来の仮定（不確かさ）を含めて評価すれば，"リスク思考"を織り込んだ"著しさの基準"とすることもできる．

"利害関係者の関心事"とは，2015 年版の細分箇条 4.2 で規定される"利害関係者のニーズ及び期待"を考慮することと同じである．

そうしたニーズや期待への対応が不十分であれば，仮に環境への影響は小さ

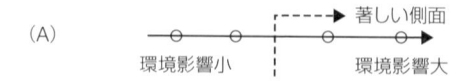

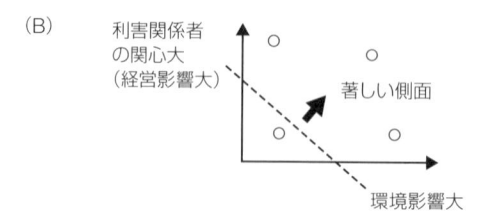

図 3.12　著しい環境側面とは

くとも，組織に対する社会的評価などの"組織に対する影響"は大きなものとなる可能性もある．このように，2004年版でも"著しい環境側面"の特定の中で"リスク"や"利害関係者の視点"などを含めて考慮することが示唆されており，実際に我が国の大手環境優良企業では既にそのような考慮がなされているところも多い．

電子・電気業界では，（一社）日本電機工業会と（一社）電子情報技術産業協会傘下の18社により"電機・電子環境リスクマネジメント研究会"が組織され，2004年度から2006年度にかけて"ISO 14001を活用した環境リスクマネジメントガイドライン"を策定し，2007年2月に公表した．

ここでは，環境影響に加えて"経営影響"を環境側面評価とすることで，環境リスクマネジメントシステムを構築することが提言されている．このガイドラインでは，環境問題に関連して企業経営に大きな影響を与える課題として以下の6項目を提示し，それらの発生の可能性と，発生時の影響の大きさで"著しさ"を評価する手法を提示している．

・社会の安全・安心への影響
・法規制違反／行政関与
・マスコミ報道等
・金額損失
・信頼・ブランドへの影響
・同業他社・事業分野への波及

このガイドラインに沿ってEMSを構築・運用している組織にとっては，2015年版で導入されたリスク及び機会への取組みは既にほとんど対応済みといえるだろう（ただし，気候変動など外部の環境状況の変化が組織に与える影響や，機会となる側面についてはガイドラインで扱われていない）．しかしここまで実施している組織は少なく，多くの組織では改訂規格への対応としてこれから取り組む必要がある課題である．

では，具体的にどのように対応すればよいのか．参考となる考え方や手法を紹介する．

3.4.2 2004年版準拠のEMSからの移行アプローチ

　まず押さえておくべきポイントは，細分箇条6.1で要求される"リスク及び機会"は，細分箇条4.1及び4.2で要求される"組織とその状況の理解"及び"利害関係者のニーズ及び期待の理解"の延長線上にあり，本書3.1節（組織の状況の理解）で紹介した取組みと不可分であることである．3.1節で"SWOT分析"について紹介したが，この手法を適用すれば，4.1及び4.2の要求事項を満たすとともに6.1.4で要求される"リスク及び機会"の決定まで一気通貫で実施することができる．

　6.1の要求事項を構成する三つの柱は，6.1.1（一般），6.1.2（環境側面），6.1.3（順守義務）であり，6.1.2及び6.1.3の注記に記載されているように，環境側面も順守義務もリスク及び機会になり得る．環境側面や順守義務に関係するリスクに加えて，外部及び内部の課題や利害関係者のニーズ及び期待に関連して生起し得る"その他のリスク"がある．

　すなわち"リスクの発生源"としては次の三つがあるということである．

・環境側面
・順守義務
・組織の状況（内部・外部の課題／利害関係者）に由来するその他の課題

　本書2.2節で述べたとおり，これらに起因する"リスク及び機会"の決定方法は，組織が自由に選択すればよい．

　現状のEMSで，著しい環境側面及び順守義務の決定に際してリスク及び機会を全く考慮していない場合には，従来のプロセスはそのままにして，三つのリスク発生源について考慮するプロセスを一括して構築し追加することが考えられる．

　既に著しい環境側面や順守義務に関連するリスクについて，それぞれの決定に際して織り込み済みの組織であれば，三つ目のリスク発生源，すなわち"組織の状況（内部・外部の課題／利害関係者）に由来するその他の課題"から派生するリスクを評価するプロセスだけを追加することで対応できる．

しかし，従来からの"リスク"の概念は，好ましくない（マイナスの）影響を与える可能性の考慮に限定している場合が多いと思われ，プラスの影響を与える可能性については考慮されていないかもしれない．

全ての組織にとって，ある事象が一律に"脅威"又は"機会"となるわけではない．例えば円安は，ある組織にとっては増収・増益の"機会"になるが，別の組織にとっては減収・減益という"脅威"になるかもしれない．

環境関連で，現在の組織をとりまく外部状況の中でかなり多くの組織にとって"機会"と考えられる状況の例を挙げれば，再生可能エネルギーの固定価格買取制度がある．この制度の導入によって，太陽光や風力発電など再生可能エネルギーの導入に伴う費用回収が容易化された．この制度は再生可能エネルギーの導入を考えている組織にとっては"機会"をもたらしている．他方，既存の地域別電力会社にとっては，この制度が脅威となっている．

電気事業法改正による電力の利用方法の選択肢の拡大も，多くの組織にとって"機会"をもたらすかもしれない．電力会社の保有する送電網を利用して電力を送ってもらう"託送制度"の制約条件が緩和された．これまでは，コジェネレーションを含め，自家発電の導入はコスト高となる場合があった．

しかし，自家発電で発生した電力を，規制緩和された託送制度を活用して自社の複数事業所で融通しあったり，余剰となった熱も近隣の他業種事業所に提供することが容易になるとすれば，従来はコスト制約で導入をあきらめていたコジェネレーション・自家発電の導入にコストメリットが出てくる組織もあるだろう．国内外で法律や制度が大きく変化するときには，従来は不可能だと思い込んでいたことが可能になってくるかもしれない．そうした状況変化をいち早くとらえられるか否かで組織の競争力は大きく変わってくる．組織の状況変化によってもたらされるリスク及び機会の評価を，一過性ではなく，継続的に評価し続けるプロセスとして構築することが肝要である．

前述のように，ISO 14001:2015では正式なリスクマネジメントのプロセスを採用するものではない（もちろん組織が望むなら採用すればよい）と明確に合意しているので，詳細なリスクマネジメントの手法を導入することは要求さ

れていないが，リスクマネジメントの基本的手法について理解しておくことは，継続的改善によって徐々にリスク対応を洗練させていくためにも有意義であろう．この観点から，次にリスクマネジメント適用上の基本的手法を概説する．

3.4.3　リスクマネジメントの基本手法とその適用

リスクへの対応は環境分野だけで実施しても効果は限定的であるため，コーポレートガバナンスや内部統制と一体化した全社大のリスクマネジメントの一部として環境リスクをマネージするという考え方で対応することを推奨したい．既に全社的なリスクマネジメントシステムを導入済み，あるいは計画中の組織にとっては正式なリスクマネジメントのアプローチを参考にするとよい．

図 3.13 に ISO 31000 が規定する正式なリスクマネジメントのフローを示す．詳しい説明は ISO 31000（JIS Q 31000）の解説書を参照いただきたいが，リスクマネジメントの出発点は"状況の確定"であり，これは本書 3.1 節で説明

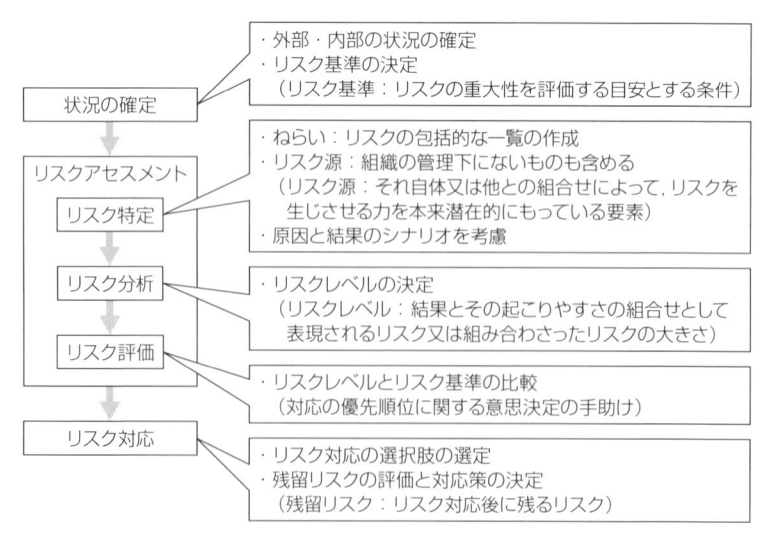

```
状況の確定 ─── ・外部・内部の状況の確定
                ・リスク基準の決定
                　（リスク基準：リスクの重大性を評価する目安とする条件）

リスクアセスメント
  リスク特定 ── ・ねらい：リスクの包括的な一覧の作成
                ・リスク源：組織の管理下にないものも含める
                　（リスク源：それ自体又は他との組合せによって，リスクを
                　　生じさせる力を本来潜在的にもっている要素）
                ・原因と結果のシナリオを考慮

  リスク分析 ── ・リスクレベルの決定
                　（リスクレベル：結果とその起こりやすさの組合せとして
                　　表現されるリスク又は組み合わさったリスクの大きさ）

  リスク評価 ── ・リスクレベルとリスク基準の比較
                　（対応の優先順位に関する意思決定の手助け）

リスク対応 ─── ・リスク対応の選択肢の選定
                ・残留リスクの評価と対応策の決定
                　（残留リスク：リスク対応後に残るリスク）
```

図 3.13　ISO 31000 によるリスクマネジメントのフロー

したように ISO 14001:2015 でも同じである．しかし ISO 14001:2015 では"リスク基準"の決定は要求事項になっていない．

続く"リスクアセスメント"も ISO 14001 では"リスク及び機会"の決定が要求されているものの，図 3.13 に示されるように"リスク特定"，"リスク分析"，"リスク評価"と続く詳細なプロセスの確立が求められているわけではない．しかし，明示的に要求されていなくとも，実務上は同様の流れで検討することになるだろう．したがって，本書でもこの検討のフローに沿って"リスク及び機会"を決定する実務上の要点を説明する．

(1) "リスク及び機会"の特定

ISO 31000 では，リスクの特定は組織内の多様な部門の人々の参画を得て，見逃しがないようにリスクとなり得る事象を網羅的にリストアップすることを推奨している．なぜなら，この段階でリストから漏れた事象は後続のプロセスで考慮されることのない，いわゆる"想定外"になってしまうからである．

EMS でも組織内の多様な視点（例えば，営業，購買，研究，設計開発，製造，廃棄物処理やユーティリティなどの支援業務，広報・宣伝など）で可能な限り包括的に可能性を検討することが好ましいが，こうした検討を詳細かつ網羅的に実施すると，際限なく業務量が拡大することになる．

組織の業種や業態，規模，立地，EMS の適用範囲などによって"リスク及び機会"の数も質も違ってくるので一概にはいえないが，最低限"組織の状況"として認識した課題に関して想定される主要な"リスク及び機会"を考えてみるところからスタートすればよい．主要な"リスク及び機会"は，例えば所属する業界団体や地域で大きな話題となっている課題，新聞紙上やニュース報道に頻繁に登場する社会的関心事，自らの組織や同業他社での過去の失敗例，ヒヤリ・ハット事例，などから導き出せるだろう．

リスク及び機会の特定に際しても，組織の状況としての外部・内部の課題を抽出する場合の枠組みの例として本書 3.1 節で紹介した"PESTLE 分析"のように，考慮すべきリスクの種類についての分類表があれば役立つかもしれな

い．残念ながら，現在環境分野で標準化されたリスク分類はないが，図3.14 に示す環境省の"生物多様性民間参画ガイドライン"に示されている"リスクとチャンス"の分類表が，生物多様性分野に限らずあらゆる環境課題に対して参考になるかもしれない．"生物多様性民間参画ガイドライン"には，これらのリスクとチャンスの解説や例が豊富に解説されているので，詳細に知りたい読者は参照いただきたい．

本書3.1節で紹介した"SWOT分析"を使用すれば，組織の状況認識を含めリスク及び機会（脅威及び機会）までを一括して抽出することも可能である．

(2) "リスク及び機会"の分析

リスクの分析は，リスクを生起する事象の"起こりやすさ"とそれが起こった場合の"結果の重大さ"を推定することである．

"起こりやすさ"も"結果の重大さ"も将来予測であるから，科学的・客観的に算定できる場合のほうがまれであり，ほとんどの場合"推定"，すなわち主観的なものとなることは避けられない．もちろん可能な限り情報を収集し，過去の統計データなどが得られるのであれば収集することは有利な場合があるが，より重要なのは"推定"の"前提条件"をしっかりと認識し，可能なら記録に残しておくとよい．"そんなこと起こるはずがない"というような思い込みが最も危険である．最悪の事態，最大の損失までを推定しておくとよいだろう．

"推定"とはいえ，少人数で決めてしまうよりも，可能な範囲で多様な部門の人々や異質の経験をもつ人々（社外の人々を含め）との意見交換を通じて決

	リスク	チャンス
操業関連		
規制・法律関連		
世評関連		
市場・製品関連		
財務関連		
社内関連		

図3.14 環境省"生物多様性民間参画ガイドライン"によるリスクの分類の例

めていくことが望ましい.

(3)"リスク及び機会"の評価

分析によって個々の"リスク及び機会"の"起こりやすさ"と"結果の重大さ"の推定が完了したら,**図3.15**に示すような"リスクマトリックス"に整理するとよい."リスク"と"機会"は,別のマトリックスとする方がよいだろう.この図では縦軸(起こりやすさ)を高・中・低に,横軸(結果の重大さ)を大・中・小に3区分して3×3のマトリックスとしているが,必要に応じて,可能ならより細分化してもよいし,2×2に簡素化してもよい.

重要なのは,リスクマトリックスによって対応すべき課題の"優先度"が明らかになることである."起こりやすさ(可能性)"が高く"結果の重大さ"が大きいと判定される課題は,最優先で対処する必要があろう.マトリックスのどの枠まで対応するかは組織の経営判断である.経営資源の利用可能性を中心に経営者が決定すればよく,規格や審査員が決めることではない.

ISO 14001:2015 では,対応が必要な"リスク及び機会"を決定したら,それに対してどのような取組みを実施するかの計画策定を組織に求めており,あるものは"環境目標(6.2)"として設定して,脅威の低減又は機会の活用を進めることもできる."運用管理(8.1)"や"監視,測定,分析及び評価(9.1)"の対象として管理下に置くだけでもよい."緊急事態への準備及び対応(8.2)"として対応するものもあるだろう.

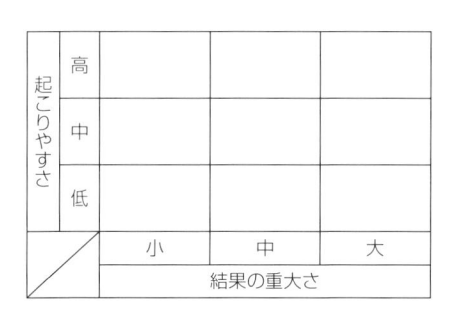

図3.15 リスクマトリックス

3.4.4 リスク思考の事業プロセスへの統合

"リスク及び機会"の決定とそれらへの対応は，2015年改訂の重要な内容の一つである"事業プロセスへの統合"という要求事項と合わせて考慮することで，組織にとって最も有効な取組みが可能となる．

従来から緊急事態への準備及び対応が要求されていたが，2015年版では"緊急事態"の特定は細分箇条 6.1（リスク及び機会への取組み）の中で実施され，組織にとっての"脅威"の一つとして認識されなければならない．

例として，製造業の事業所（工場）から事故によって有害物質が敷地外に流出するという事例を考えてみよう．従来の EMS では，こうした事態が想定されるならば，それへの準備及び対応として事故が起こっても流出が敷地内にとどまるような設備を導入・準備したり，事故時の流出をできるだけ少なくし（緩和し），流出箇所を速やかに特定し応急処置を施すなどの対応計画が策定され，訓練も実施されているだろう．

しかし，事故への初動対応が遅れ有害物質が敷地外まで流出し，さらには付近の公共水域にまで流れ込んでしまう事態も起こるかもしれない．このような事態に進展すると，もはや環境部門や施設管理部門の事故対応の域を超えて，地域の行政との速やかな連携とともに，本社の役員を含め，広報部門や総務，法務部門など全社を挙げての対応が必要になる．特に地域住民の健康被害につながるような事態となれば，対応が不適切であったり遅れたりすると刑事罰に加えて損害賠償を求める民事訴訟の可能性もあり，マスコミ報道によって企業全体の評価にまで影響を及ぼす事態となる．

環境関連の"緊急事態"には，こうした"脅威"が伴っている．従来の EMS では，緊急事態から派生する様々なリスクについては明示的な要求事項はない．認証審査においても緊急事態への対応計画があり，テストも行われていれば適合と評価されるだろう．改訂 EMS でも"リスク及び機会"をどこまで考慮するかは組織に任されており，認証審査も従来とそう変わらないかもしれない．

しかし，組織が社会的評価を含めて真に自己防衛をしたいのなら，規格の要

求事項をぎりぎりで満たすというより，今回の改訂でせっかく導入された"リスク及び機会"に関する要求事項の意図を最大限活用し，環境部門に限定した対応計画ではなく，全社的なリスクマネジメントの中で環境緊急事態への準備及び対応をより広く計画するべきだろう．

事業プロセスへの統合については別の章で改めて解説するが，リスクマネジメントやコンプライアンスというような分野は，特に組織全体でバランスのとれた体制が構築されていないと，本当に重大な事案が発生したときには手も足も出ない．ISO のマネジメントシステム規格への適合の前に，少なくとも株式会社には，会社法により取締役会に対して"業務の適正を確保するための体制"を整備することが義務付けられており（会社法 348 条 3 項 4 号など），その詳細は会社法施行規則第 98 号で規定されている．この第 2 項に"損失の危険の管理に関する規定その他の体制"としてリスクマネジメント体制の構築が求められている．

企業であれば，まずは自社の会社法対応の基本的な仕組みが社内規則等でどのように定められ，運用されているのかについて確認することをおすすめしたい．そのうえで，それが EMS で求められる"リスク及び機会"に対する仕組みとどのように関係するのか，その関係性を整理し，組織の大きな仕組みの一部としての EMS の位置付けを明確にしていくことが肝要である．組織内の基本的なルールや体制と関連付けて EMS を構築し運用していくことが，事業プロセスへの統合ということにほかならない．

3.5 環境パフォーマンスの重視
ポイント5

3.5.1 システムからパフォーマンスへ

2013 年 11 月に ISO/TC207/SC1 より "ISO 14001 の改正 スコープ，スケジュール及び変更点に関する情報文書" が公開された．この文書は，改訂を所管する TC207/SC1/WG5 主査のスーザン・ブリッグス（アメリカ）が作成し

たもので，今回の改訂についての公式見解を示すことを意図しており，改訂作業の進捗に沿って適宜最新化されている．最新の和訳版は日本規格協会のウェブサイト（ISO 14000 ファミリー規格開発情報）で公開されている[*5]．

この文書の中で，"改正によってどのような変更が生じてきているのか"と題した部分に，7項目の主な変更点が提示されている．その一つとして"環境パフォーマンス"が挙げられており，"継続的改善に関して，マネジメントシステムの改善から環境パフォーマンスの改善に重点が移っている"と説明されている．

ISO 14001:2015 では，箇条1（適用範囲）に"EMS の意図した成果"として3項目が提示され（本書3.1節参照），その第1項目に"環境パフォーマンスの向上"が記載されている．

"パフォーマンス"は，附属書 SL では"測定可能な結果"と定義されている．"測定可能な"といわれると，定量的なものと理解しがちだが，パフォーマンスの定義の注記1には次のような記載がある．

"パフォーマンスは，定量的又は定性的な所見のいずれにも関連し得る．"

すなわち，"定性的な所見"も"測定可能な"という概念に含まれるのである．なお"測定（measurement）"は，附属書 SL では"値を決定するプロセス"と定義されている．ちなみに，"値"は原文では"value"という単語が使用されている．

"value（値）"は，必ずしも定量的な数値でなくともよい．小学校の成績表を思い出すと，筆者の時代は5段階評価で，5が最高評価で1が最低評価であった．1から5の評価は，授業態度やテストの成績などを総合して教諭が決めた評価である．テストの成績は定量評価であるが，授業態度などは主観的・定性的な評価である．1から5という数値の最終決定は主観的な要素を含んでいるが，数字で表現すると定量的な評価だと思ってしまう．さらに昔にさかの

[*5] この文書は該当しないが，2015年3月18日以降に日本規格協会が公開する文書では，"revision"の日本語訳について，JIS の場合は"改正"，ISO 規格，IEC 規格の場合は"改訂"という表記を原則として用いている（JIS Z 8002 に基づく）．

ぼれば，成績評価は"甲，乙，丙，丁"というような漢字で示されていた．こうなると定量的な評価という感じがしなくなる．

世の中には主観的な評価（値の決定）があふれている．フィギュアスケートでは"技術点"と"構成点"を総合して，最終評価が決まる．"構成点"も"技術点"でもほとんどの場合，審判員ごとに数字が違う．このような評価も"測定"である．

ISO 9001 では，従来から"顧客満足"の測定・監視が要求されている．"顧客満足"は，本来は主観的な定性的情報であるが，適切に設計された顧客調査（アンケート）の結果を統計的処理で数値化して測定できる．

環境マネジメント関連でいえば，"生物多様性"の価値を評価する様々な手法が提案されている．環太平洋戦略的経済連携協定（TPP）をめぐる議論の中でも，"農村の多面的価値"として，農産物の産出を超えた国土の保全，観光資源としての価値などを広く含めた総合的な価値評価の手法が多数提案され，様々な試算がある．こうしたことの説明は本書の範囲を超えるので割愛するが，"測定可能"という意味を定性的なもの，主観的なものを含む広い意味でとらえる必要がある．

ISO 14031:2013（環境マネジメント—環境パフォーマンス評価—指針）でも次のように述べられている．

　"主要パフォーマンス指標（key performance indicators）は，定量的又は定性的データや情報を，より理解しやすく有用な形で表現するために，組織によって選定される．"

ISO 14031 でも，パフォーマンスは"測定可能な結果"であり，指標は"測定可能な表現"と定義したうえで，上記のように"定性的"であってもよいことが示されている．"測定可能"には定性的な値を確定することが含まれているという理解は，後述する環境目標の指標の理解に不可欠なものとなる．

"環境パフォーマンスの向上"とともに，2015 年版では"EMS の有効性の継続的改善"が要求事項となった．これは ISO 14001 にとって画期的な変化である．

ISO 14001 の初版開発時，"EMS の有効性の継続的改善"という表現を入れることを EU は主張したが，アメリカは絶対反対との姿勢を崩さなかった．アメリカは，この表現を使用すると"パフォーマンスの継続的改善"を求めることになり，それは環境負荷をゼロにすることと同じで実現不可能として強く反対した．

"有効性 (effectiveness)"という用語は，附属書 SL では"計画した活動を実行し，計画した結果を達成した程度"と定義され，パフォーマンスの定義は"測定可能な結果"であるから，"結果"を"パフォーマンス"という用語で置き換えることができ，そうすると"計画したパフォーマンスを向上した程度"という意味になる．したがって，"有効性の継続的改善"は"計画したパフォーマンスを向上した程度の継続的改善"となり，パフォーマンスを向上し続けることになる．すなわち，"EMS の有効性の継続的改善"とは"EMS"というシステムの継続的改善ではなく，システムの結果である環境パフォーマンスの継続的改善を意味することになる．

しかし今回の改訂審議では，アメリカをはじめいかなる国もこの表現に反対しなかった．環境問題の深刻化に歯止めがかからない状況の中で，システムをいくら改善しても結果（パフォーマンス）が改善されなければ意味がないことを，全ての国が認識するようになったのである．

近年，認証審査の中でも"有効性審査"が強調されるようになってきている．この背景には，2000 年代前半頃から認証取得組織が環境法令違反で摘発されるといった事案が世界中で散見されるようになり，ISO 規格への認証に対する社会的信頼が揺らぎはじめたことがある．

こうした状況を背景に ISO/CASCO（適合性評価委員会）は，2006 年 9 月に"マネジメントシステムの審査及び認証を行う機関に対する要求事項（ISO/IEC 17021）"を発行し，その序文でマネジメントシステム規格の認証の意味について次のような説明を記載した．

3.5　環境パフォーマンスの重視

> 序文（抜粋）
> マネジメントシステムの認証は，認証を受けた組織のマネジメントシステムが次に示すとおりであることの，独立性を備えた実証を提供する．
> a)　規定要求事項に適合している．
> b)　明示した方針及び目標を一貫して達成できる．
> c)　有効に実施されている．

　つまり認証とは，規格の要求事項への適合（例えば，手順がある）だけではなく，組織が表明した方針や目標を達成できるようなシステムになっており，計画したとおりの結果が得られていることを第三者が確認したということを意味すると明記したのである．

　これを機に，我が国でも認証機関の認定を行う（公財）日本適合性認定協会（JAB）の認定基準はISO/IEC 17021と整合され，以降マネジメントシステムが計画したとおりの結果を出しているかどうかを確認する"有効性審査"が強調されるようになった．ちなみに，ISO/IEC 17021での"有効性"の定義は，附属書SLの定義と完全に同一である．

3.5.2　環境パフォーマンスに関する要求事項の全体像

　表3.3に"（環境）パフォーマンス"と"有効性（あるいは有効に）"という用語が，ISO 14001の2004年版と2015年版の要求事項の中でそれぞれいくつ登場するかを比較した結果を示す．

表3.3　新旧規格要求事項におけるパフォーマンスと有効性の出現数の比較

	ISO 14001：2004	ISO 14001：2015
（環境）パフォーマンス	4	13
有効性（有効に）	4	13

2015年版では，これらの用語が2004年版と比較して3倍と大幅に増加していることがわかる．読者は2015年版の要求事項の中で，どこに，どのような内容でパフォーマンスや有効性が要求されているのかを自ら確認していただきたい．

これらの要求事項を含め，ISO 14001:2015 では"結果（パフォーマンス）"を重視するために，以下に述べる三つの方法が組み込まれている．

(1) "有効"であることや"（環境）パフォーマンス"を直接規定する

"有効"であることを直接規定した要求事項の代表的なものは，細分箇条9.2（内部監査）の9.2.1 b）項で，内部監査での確認事項として"有効に（原文ではeffectively）実施され，維持されている"としている箇所がある．2004年版の対応する箇所は"適切に（原文ではproperly）実施されており，維持されているか"という表現で，意図的に"有効に"という表現を排除してきた．

ISO 14001初版の開発審議の中で，"マネジメントシステムの有効性は組織の経営者が評価するもので，内部監査や第三者審査で有効性を監査・審査するという考え方は不適切である"とアメリカが強く主張した．アメリカの主張は，"有効でない経営システムを放置するような経営者はいない"という信念に基づいていた．当時（1990年代前半）は，アメリカの主張に対してEUですら反論の論拠が見いだせず，内部監査での確認は"有効に実施されている"ではなく"適切に実施されている"という表現となった経緯がある．

2004年改訂は，1996年版の要求事項の明確化とISO 9001の2000年改訂との整合性向上に目的を限定した改訂であったため，この表現の見直しも議論になったが，変更すると1996年版の要求事項を変えることになるとして1996年版の表現が踏襲された．

このためISO 14001では"有効性審査"といわれても規格の要求事項が"有効性"の確認を求めていないため，審査機関からは実施が困難であるという指摘もあった．本業の経営システムであれば，経営者がその有効性を常に確認し，有効でないシステムは必ず改善されることが期待できるが，認証取得が目的化

3.5 環境パフォーマンスの重視

して結果（有効性）が得られなくてもよいとなると，経営者による改善は期待できない．かつてのアメリカの主張は，ISO マネジメントシステムとその認証の実態に照らすと理想論であったことが世界的に明白になり，今ではアメリカも"有効性"の確認要求を受け入れている．

2015 年改訂によって有効性は内部監査の確認事項となり，必然的に第三者審査での確認事項となることから，ISO 14001 と ISO 9001 の認証審査における有効性審査に関するギャップは解消されることになる．

"パフォーマンス"については，箇条 9 の標題が"パフォーマンス評価"であり，2004 年版にはこのようなタイトルが一切なかったことを考えると隔世の感がある．

(2) 計画段階で結果（有効性）を評価する方法の決定を求める

附属書 SL の 6.1（リスク及び機会への取組み）において，取組みの計画の中で"その取組みの有効性の評価"が要求され，6.2（XXX 目的／目標及びそれを達成するための計画策定）でも"結果の評価方法"を含めて計画することが要求されている．このように計画段階で，計画を実施した結果の評価方法をあらかじめ決定することを要求するのは，結果重視の表れである．筆者の企業での実務経験を振り返ってみると，環境に限らず，様々な計画書の中で結果の評価方法が明記されているものはきわめて少ないように思われる．今回の改訂では，コミットメントや計画を確実に達成する"言行一致"（すなわち，有効性）を目的とした要求事項が随所に埋め込まれている．

(3) 環境目標に対する指標の設定と評価

2004 年版では環境目的（environmental objective）とともに環境目標（environmental target）の設定が要求されていたが，2015 年版では"environmental objective"（改正 JIS では"環境目標"と訳す．本書 2.2 節参照）だけとなった．

代わって，"測定可能な環境目標の達成に向けた進捗を監視するための指標

を含む，結果の評価方法"の決定が求められるようになった．附属書SLの6.2（XXX目的／目標及びそれを達成するための計画策定）で，XXX目的／目標は"（実行可能な場合）測定可能である"とされており，ISO 14001：2015でもこの部分の括弧付の内容は残されている．したがって，環境目標には測定不可能なものがあることが許容され，測定可能なものに限定して"指標"の設定が求められることになる．

しかし，"結果の評価方法"の決定は全てのXXX目的／目標に対して要求されており，ISO 14001：2015でも指標化できない測定不可能な環境目標に対して，結果の評価方法の決定が必要である．"結果の評価方法が決められる"ということは，"測定可能"ということになるはずだ．

一般に制御工学においては，"測定できないものは制御できない"といわれており，マネジメント分野でも"目的／目標"は"SMART＝Specific, Measurable, Relevant, Achievable, Time related"であること，すなわち，特定され，測定可能で，適切で，達成可能で，時間軸が定められていることが基本である．筆者は"測定可能でない目標"の評価方法にどのようなものがあるかを問われても答えられない．

ISO 14001改訂WGの東京会合で，"（実行可能な場合）"の削除を日本から提案し，過半数以上の支持が得られたが僅差であったため，削除は見送られた．しかしロンドン会合において，"測定可能"とは，"定量的又は定性的な手法を使用して，特定の尺度に対して決定可能であること"との解説が附属書A.6.2に記載され，"測定可能"には，例えば顧客満足のような定性的な情報の数値化などを含む広い意味があることが明らかにされた．"測定可能"という意味をこのように広くとらえることによって，実務的には，全ての環境目標は測定可能なものとすることをおすすめしたい．ISO 9001の2015年改訂では，"実行可能な場合"という括弧付のフレーズは削除されており，全ての品質目標は測定可能でなければならない．

3.5.3　環境パフォーマンス評価と指標

ISO 14001:2015 の箇条 9 のタイトルが"パフォーマンス評価"で，細分箇条 9.1 が"監視，測定，分析及び評価"であることからも自明なように，2015 年改訂では"環境パフォーマンス評価"が EMS に組み込まれている．

これは，表 1.7 に示した EMS 将来課題スタディグループ勧告事項の 8 番目で，"環境パフォーマンス評価（指標の使用など）を強化する"ことが明示されていることに応えるもので，これに関してスタディグループ勧告では"ISO 14031，ISO 50001 及び ISO 外の EMAS-Ⅲ，GRI などでのパフォーマンスの取扱い方法を考慮する"と，具体的な検討対象までが提示されている．

EMS に環境パフォーマンス評価を統合する試みは，TC207/SC1 が 2010 年 12 月 15 日付で発行した ISO 14005（環境パフォーマンス評価の利用を含む，環境マネジメントシステムの段階的実施の指針）において既に実現されている．

ISO 14031（環境パフォーマンス評価―指針）は，ISO/TC207/SC4 により 1999 年 11 月 15 日に初版が発行され（JIS Q 14031 は 2000 年 10 月 20 日制定），2013 年 7 月 15 日に改訂版が発行されている．ISO 14031:2013 では，"環境パフォーマンス評価"を次のように定義している（執筆時現在，JIS 改正が未定のため，2000 年版 JIS を基に筆者仮訳）．

3.10　環境パフォーマンス評価

　組織の環境パフォーマンスに関して，経営判断をしやすくするプロセス．環境指標を設定すること，データを収集及び分析すること，環境パフォーマンスに関して情報を評価し，報告及びコミュニケーションをとること，並びにそのプロセスの定期的なレビュー及び改善をすること．

この定義に明記されているように，"指標"の設定は環境パフォーマンス評価の典型的な適用である．

ISO 14031 では，図 3.16 に示すように環境パフォーマンス評価における各種指標の関係が提示されており，附属書 A にマネジメントパフォーマンス指標（MPI），操業パフォーマンス指標（OPI），環境状態指標（ECI）の実例が多数掲載されているので，組織が指標を検討する際に参考になるだろう．

また ISO/TC207 では，温室効果ガスの排出量の算定や，ライフサイクルアセスメント，環境効率評価，マテリアルフローコスト会計など，様々な環境パフォーマンスを算定・評価する手法を規定した EMS の支援規格を多数開発しており，こうした規格も参照するとよいだろう．

環境パフォーマンス評価の定義を読めば，環境パフォーマンス評価と環境コミュニケーションが強く結び付いていることがわかる．実際に，組織の環境パフォーマンスに関する情報開示の社会的要請はいっそう強くなってきており，環境（CSR 含む）情報開示のための各種ガイドラインなども環境パフォーマンス指標を設定するうえで参考になる．

組織内の管理のためだけでなく，外部への情報開示も念頭に置いた適切な指標をはじめから設定したほうが，組織にとっては取り組みやすいだろう．

例えば，環境省では 2000 年に"環境報告書ガイドライン"を，2002 年には"環境パフォーマンス評価ガイドライン"をそれぞれ公表したが，両者は"環

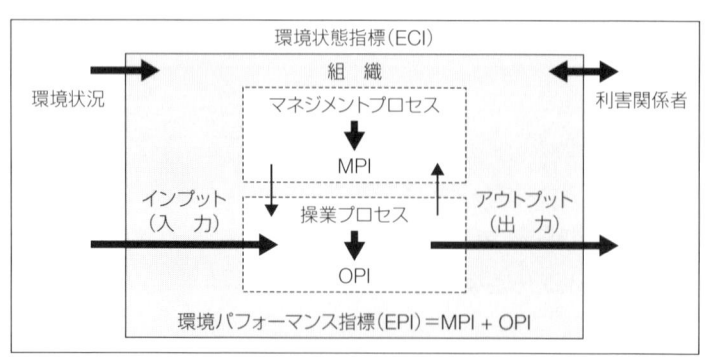

MPI：マネジメントパフォーマンス指標
OPI：操業パフォーマンス指標

図 3.16　環境パフォーマンス評価

境報告ガイドライン"として2007年に統合された[*6].この生い立ちからもわかるように，"環境報告ガイドライン"には多くの指標例が掲載されている．また，国際的な持続可能性報告のガイドラインとして最も普及しているGRI（グローバル・レポーティング・イニシアティブ）の持続可能性報告ガイドライン（第4版：G4）でも，環境に関して34項目の指標が規定されている．

表3.4に環境パフォーマンス評価及び指標の検討に役立つと思われる代表的

表3.4　環境パフォーマンス評価及び指標に関する主な参考文献

分　類	参考文献
環境パフォーマンス評価 （環境側面全般）	ISO 14031：2013（環境パフォーマンス評価―指針）
	ISO/TS 14033：2012（定量的環境情報―指針及び事例）
	ISO 14044：2006（ライフサイクルアセスメント―要求事項及び指針）
	ISO 14045：2012（製品システムの環境効率評価―要求事項及び指針）
	ISO 14051：2011（マテリアルフローコスト会計―一般枠組み）
環境パフォーマンス評価 （特定環境側面）	ISO 14064-1：2006（組織における温室効果ガスの排出量及び吸収量の定量化及び報告のための仕様並びに手引）
	ISO/TS 14067：2013（製品のカーボンフットプリント）
	ISO/TR 14069：2013（ISO 14064-1の適用のための手引）
	ISO 14046：2015（ウォーターフットプリント―要求事項及び指針）
環境情報開示の指針	環境省　環境報告ガイドライン2012
	経済産業省（2014年） 温室効果ガス排出量算定・報告マニュアル（Ver 3.5）
	環境省・経済産業省（2014年） サプライチェーンを通じた温室効果ガス排出量算定に関する基本ガイドライン
	GRI G4 サステナビリティ・レポーティング・ガイドライン（2013年）

[*6] 最新の"環境報告ガイドライン"は2012年版である（執筆時現在）．

な文献の一覧表を示すので，適宜参照されたい．

結果を生まない形式的なEMSを維持していくことは，組織にとって合理的な対応ではない．環境パフォーマンスの不断の向上を追求することでEMSの形骸化が回避され，組織内の取組みの活性化も期待できる．環境パフォーマンスの改善は，あるところまで進むと飽和するといわれることがある．それは組織の状況（4.1）が変わらないのならば正しい場合もあろう．しかし現在，組織の状況はグローバルな競争の中でめまぐるしく変化している．新たな規制や制度が導入されたり，新技術が実用化されれば，それまでの検討の前提条件が変わり，結果として新たな土俵で新たに取り組むべき課題が次々と出現してくるはずである．ダイナミックなEMSにパフォーマンス改善の限界はない．

3.6 プロセスとその相互作用
ポイント6

3.6.1 手順からプロセスへ

附属書SLでは"プロセス"の確立を求める包括的な要求事項が，細分箇条4.4（XXXマネジメントシステム）と8.1（運用の計画及び管理）に規定されており，その他の細分箇条ではプロセスの確立要求を繰り返さず，必要なプロセスは組織が決めるという立場をとっている．また，"手順"という用語はない．

ISO 14001:2015では，附属書SLによる2か所の包括的プロセス要求に加えて，4か所（6.1，7.4.1，8.2，9.1.2）でEMS固有のプロセス確立要求事項が追加されている．

ISO 14001:2004では，13か所で"手順"の確立が求められていた（順守評価の4.5.2.2で4.5.2.1と別の手順を確立してもよいという要求事項を加えると14か所である）．2004年版で要求されていた"手順"から2015年版で要求される"プロセス"への変化に対応するためには，まず"プロセス"と"手順"の違いを理解する必要がある．

3.6.2 プロセスとは

"プロセス"という概念は仕事の分業，すなわちある目的を達成するための活動を分割し，活動の順序を決め，複数の人々が役割を分担して実行するという集団的な仕事の計画及び遂行方法が出現したことに端を発している．エジプトのピラミッド建設や東大寺の大仏建立など，人類は古くから一人では実行不可能な大規模な活動を，多数の人間が分業することで成し遂げてきた．"分業"による生産性の飛躍的向上を理論的に明らかにしたのは，1776年にアダム・スミスが著した"国富論"であるといわれている．

20世紀になると，フレデリック・テイラーによる"科学的管理法の原理"で作業の標準化や，ラインとスタッフの分離（職能別組織化）などの考え方が導入された．標準品を大量生産する仕組みが確立したことで，人類社会の豊かさは飛躍的に向上した．やがて1960年代に日本の高度成長が始まり，1980年に入る頃にはトヨタ生産方式など，現場の創意工夫によってコストダウンと品質向上が両立することを実証した日本の製造業の競争力が，欧米をしのぐまでになった．この頃から日本の台頭に危機感をもったアメリカの産業界を中心にして日本の製造業の仕事の進め方，すなわち"プロセス"の強さの秘密を解明しようとする研究や分析が活発に推進されるようになった．

今日でも事業プロセスの汎用モデルである"プロセス分類の枠組み（PCF：Process Classification Framework）"を提示し続けているAPQC（アメリカ生産性品質センター）が設立されたのが1977年で，1985年にはアメリカのマルコム・ボルドリッジ国家品質賞の創設を主導し，1992年にPCFの初版が公表された．PCFは，2014年時点で第6版まで進化している．

1993年には，マイケル・ハマーとジェイムス・チャンピーにより"リエンジニアリング革命"が発刊され，仕事を専門化し，プロセスを分断化している古典的な企業構造を根本的に見直し，最終的に顧客に対する価値を生み出す一連の活動（＝プロセス）に再統合することで企業競争力を向上することが提唱された．同書の提案を受けた取組みは，アメリカ企業を中心に拡大した．ビジ

ネスプロセスの革新によってアメリカ企業の競争力は飛躍的に向上し，一時は日本の後塵を拝した生産性や品質で再び世界のトップに返り咲いた．一方，日本企業では"リエンジニアリング"は浸透せず，"リストラ"にとどまったことが，現在にまでつながる日本経済の長期低迷の要因の一つとなったと指摘されている．

企業競争力の実証的評価を専門とする一橋大学の野中郁次郎教授（当時）は次のように述べている．

"リストラでは，仕事のプロセスには手を付けないで仕事や従業員をカットしたり売却してスリム化を図るが，組織の本質は変えられない．したがって，パラダイムシフトは起きない．一方，リエンジニアリングでは，顧客満足実現に向けて仕事のプロセスを根本的に変革することでパラダイムシフトが起きる．"

こうした経緯を経たうえで"プロセス"に基づく経営システムの考え方はISO 9001の2000年改訂で全面的に採用された．"プロセスアプローチ"はISO 9001が生み出した考え方ではなく，品質マネジメントシステムの目的を最も有効に達成するために不可欠な概念として採用されたのである．

"プロセスアプローチは，まだ多くのユーザーにおいて正しく理解されていない"，これはISO 9001改訂の設計仕様書の中で述べられている言葉だ．"プロセス"の概念を正しく理解することは簡単ではなく，特に暗黙知ベースで業務を進めて来た我が国のユーザーにとっては，難解なものである．

"プロセス"には，次のようなものを含めて様々な定義がある．

●M. ハマー　ほか（リエンジニアリング革命）
　一つ以上の入力をもち，顧客に対する価値となる出力を生成する活動の集まり
●IEEE（米国電気・電子学会）
　ある目的のために実行される一連のステップ

> ●附属書 SL（ISO 9001）
> インプットをアウトプットに変換する，相互に関連する又は相互に作用する一連の活動

ISO 9001 のプロセスアプローチの考え方を理解するには，ISO 9001 を所管する ISO/TC176 が一般公開している文書"ISO 9000 導入・支援パッケージ マネジメントシステムのためのプロセスアプローチの概念及び利用に関する手引"が参考になる[*7]．

この文書では，プロセスアプローチについて次のように述べられており，プロセスアプローチは品質マネジメントシステムだけでなく，環境マネジメントシステムや労働安全衛生マネジメントシステムなどに広く適用できるとしている．

> 組織は，しばしば機能単位の階層構造になっている．意図したアウトプットの責任を機能単位に分割することで，通常，組織は垂直に管理されている．
> 最終顧客やその他の利害関係者がすべての関係者に常に見えているとは限らない．したがって，インターフェースで発生する問題は，しばしば機能単位の短期的な目標に比べ優先度が低くなることがある．通常，意図したアウトプットよりも機能に焦点を当てた行動となるため，利害関係者にはほとんど改善をもたらさない．
> プロセスアプローチは，異なった機能単位間の障壁を乗り越え，組織の主要な目標に焦点を当てることで，水平的な管理を導入する．
> それはまた，プロセス間のインターフェースの管理を向上させる．

[*7] 邦訳版は，日本規格協会のウェブサイトの"ISO 9000 ファミリー規格開発情報"で公開されている．

附属書SL及びISO 14001:2015では，プロセスベースで要求事項が提示されているが，ISO 9001のように"プロセスアプローチ"の適用を求めてはいない．しかし，マネジメントシステムにおける"プロセス"を理解するためには，ISO 9001によるプロセスの要求事項を理解しておいたほうがよい．

ISO 9001:2015での"プロセス"の基本的な要求事項は，細分箇条4.4（品質マネジメントシステム及びそのプロセス）で規定されている．そこでは，附属書SLによる"プロセスとその相互作用を含む，品質マネジメントシステム"の確立要求に続けて，必要なプロセス及びそれらの組織全体への適用のために，次の事項を明確にすることが要求されている（筆者要約）．

- プロセスのインプットとアウトプット
- プロセスの順序及び相互関係
- プロセスの効果的な運用及び管理を確実にするために必要な判断基準及び方法（監視，測定及び関連するパフォーマンス指標を含む）
- 必要な資源，及びそれが利用できることを確実にする
- プロセスに関する責任及び権限の割当て
- プロセスを評価し，必要に応じた変更
- プロセスの改善

"プロセスアプローチ"では，PDCAは各"プロセス"において実施され，プロセスが改善されることでマネジメントシステム全体が改善されていく．環境や品質マネジメントを含めて，組織の事業目的を達成するために必要なプロセスは組織ごとに皆異なる．

組織の事業プロセスを理解するにあたって，"プロセス"は個々に独立してとらえるのではなく，プロセス間のつながりとの相互作用としてとらえることが肝要である．また，組織のプロセスには階層構造があることを理解し，最上位のプロセス（マクロなプロセス）から順番に，下位のプロセス（ミクロなプ

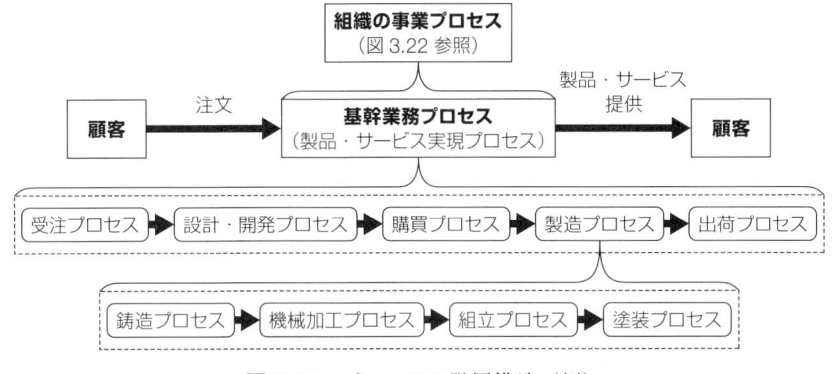

図 3.17 プロセスの階層構造（例）

ロセス）に必要な程度まで展開していくとよい．

例えば，図 3.17 に示すように，製造業なら製品を生産するという基幹業務プロセス（ISO 9001:2008 では製品実現プロセスと表現されていた）は，受注，設計，製造，出荷，などのサブプロセス（第二階層）に展開され，これらのサブプロセスはそれぞれさらに詳細な第三階層のプロセスに展開できる．プロセスの階層化をどこまで深く進めていくかは，組織の規模や業務の複雑さ，管理のしやすさなどに応じて組織が決定すればよい．

図 3.17 に例示した基幹業務プロセスは，それ自体が組織の事業プロセスの一部である．組織の事業プロセスの全体像については，本書 3.7 節（事業プロセスへの統合）で詳細に説明する．

3.6.3　プロセスの可視化

マネジメントシステムをプロセスとその相互作用として構成するためには，プロセスを表現する技法が必要になる．このような技法を適用してプロセスを表現（可視化）することは"プロセスマッピング"とよばれる．

プロセスマッピングの方法には，目的や用途に応じて様々な手法があり，古くからある手法に"フローチャート"がある．フローチャートの起源は，1921

年にアメリカ機械工学会(ASME)でフランク・ギルブレスが発表した"フロー・プロセス・チャート"だといわれている．フローチャートというと，筆者の学生時代には計算機のプログラミングのためのツールとして教えられ，その後メーカの工場勤務時代には当時主流であったフォートラン（FORTRAN）というプログラミング言語でコンピュータプログラムを作成する際によく利用していた．

しかし，フローチャートが初めて提唱された1921年にはまだコンピュータは存在していないので，フローチャートは業務（プロセス）の流れを表現するツールとして誕生し，コンピュータの登場と普及に伴ってソフトウエアの設計ツールとして利用されるようになった．

フローチャートの表現技法は，1970年にはISO 5807として規格化され，今でも1986年に改訂された内容で継続している［JIS X 0121：1986（情報処理用流れ図・プログラム網図・システム資源図記号）］．

フローチャートは今も健在であるが，ソフトウエア開発のためのモデル化手法（言語）は次々と新しいものが提案されて進化・発展を続けている．2005年にISO/IEC 19501：2005（JIS X 4170：2009）として規格化された"統一モデリング言語（UML：Unifed Modeling Language）"では，アクティビティ図，ユースケース図，相互作用図などの多様な手法が標準化されている．

情報処理システムの高度化に伴い，ソフトウエア設計技法とビジネスプロセスの表現技法が接近し，UMLはソフトウエア開発ツールという用途を超えてビジネスプロセスのモデリングツールとしても利用されるようになっている．

フローチャートの歴史が示すように，ビジネスプロセスの表現技法とソフトウエア（情報処理システム）の設計技法の間には元来密接な関係がある．

最近では，ビジネスプロセスの表現を重視した"BPMN：Business Process Modeling Notation（ビジネスプロセス・モデリング表記法）"とよばれる手法も普及している．クラウドコンピューティングなど組織のビジネスプロセスの情報システム化が急速に進展する中で，やがて環境マネジメントシステムや品質マネジメントシステムも全て情報システム化されていくと予想されるため，これらに必要なプロセスの定義も組織の情報処理システムで使用されているモ

3.6 プロセスとその相互作用

デル化技法を適用して定義するという選択もある.

一方,情報処理システムの記述には適切とはいえないが,品質マネジメントシステムを構成するプロセスの表現技法として広く活用されているものに"タートル図"がある.

自動車メーカのサプライチェーン向けの品質マネジメントシステム規格であるISO/TS 16949:2009（自動車生産及び関連サービス部品組織のISO 9001:2008適用に関する固有要求事項）ではプロセスアプローチの徹底した適用が求められており,審査もプロセスアプローチで実施される."タートル図"は,ISO/TS 16949:2009のガイダンスマニュアル（日本語訳,日本規格協会編）の中でプロセスの表現技法として推奨されている.

図3.18にタートル図の基本形を示す.タートル図の七つのボックスに,対象とするプロセスの要素を記入することで,プロセスのインプットとアウトプット,プロセスに必要な資源（物的資源及び人的資源）,プロセスの運用方法（どのようにインプットをアウトプットに変換するか）,プロセスの評価項目や指標,そしてプロセスの責任者（プロセスオーナー）が決定される.すなわち,タートル図の全てのボックスに当該プロセスで必要な内容を記載することで,プロセスに対する要求事項（ISO 9001:2015,細分箇条4.4）を満たすプロセスを明確にすることができる.

本書3.7節（事業プロセスへの統合）でタートル図の適用事例を示しているので,適宜参照していただきたい.

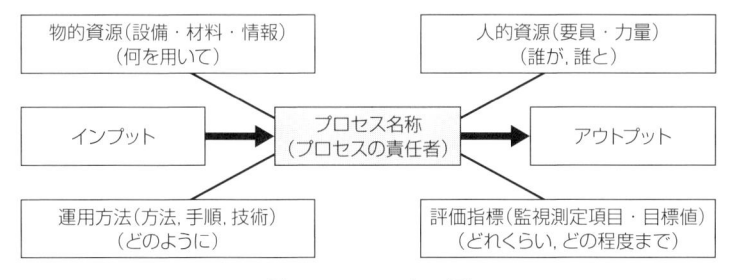

図3.18　タートル図

3.6.4 プロセスの相互作用

タートル図は個々のプロセスを定義するためには有効な表現技法であるが，プロセス間の相互作用の表現には必ずしも適切とはいえない．タートル図の各ボックスはそれぞれ別のプロセスと相互作用している．

プロセス間の相互作用の一例として，製造プロセスと廃棄物管理プロセス間の相互作用の例を図 3.19 に示す．

製造プロセスの出力は，大別すれば製品と廃棄物があり，製品は出荷プロセスへ，廃棄物は廃棄物管理プロセスへの入力となる．製造プロセスと廃棄物プロセスの関係をさらに詳細に見てみると，廃棄物の受け渡しという入出力関係だけではなく様々な相互作用があることがわかる．この二つのプロセス間の相互作用は組織によって異なり，図 3.19 は，そうした相互作用の一例にすぎない．

製造プロセスから排出される廃棄物は，組織内の廃棄物処理プロセスに引き渡されるが，引き渡すための組織内ルールが定められているはずである．例えば，廃棄物の置き場所，廃棄物の分別ルールや表示，大きな事業所で廃棄物処理プロセス側が様々な部門から排出される廃棄物を収集する場合には，収集の時刻なども決められているだろう．製造プロセスから排出される廃棄物の内容や組成及び排出量などは，製造する物が変われば変化する．したがって，製造

【プロセス間の入出力関係】

製造プロセス → 廃棄物管理プロセス → 廃棄物収集運搬業者

【プロセス間の相互作用】

製造プロセス
- 排出ルール（分別・場所・収集時間など）
- 廃棄物
- 排出物の変更情報（新製品製造など）
- 排出実績　廃棄物処理コスト情報など

廃棄物管理プロセス

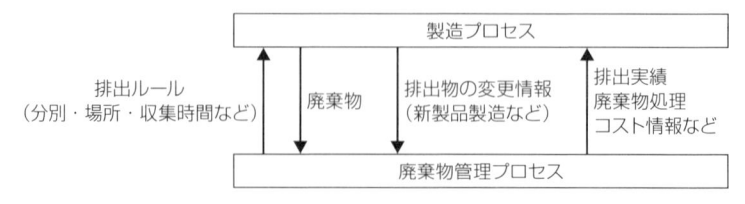

図 3.19　プロセスとその相互作用の例（製造プロセスと廃棄物管理プロセスの場合）

プロセス側で製造するものが変わる場合は，事前に廃棄物処理プロセス側に変更の内容を連絡し，廃棄物処理プロセス側での対応が可能かどうか，処理委託先も含めて確認が必要になる．廃棄物処理の準備が整わなければ生産は開始できない．

　組織が廃棄物の削減目標を設定している場合，廃棄物処理プロセス側から製造プロセス側に廃棄物の管理区分ごとの排出量実績やコストなどがフィードバックされることもある．製造プロセス側でマテリアルフローコスト会計を適用して廃棄物とコストの削減を目指す場合には，廃棄物管理プロセス側から提供される情報が不可欠になる．このように，組織内のプロセス間には単純な入出力の関係だけではなく様々な相互作用があり，そうした相互作用の中で環境マネジメントシステムとして管理すべき相互作用を明確にしておく必要がある．

　図3.19で例示した相互作用を，製造プロセスのタートル図（図3.18）で考えると，排出ルールは"物的資源（製造部門の廃棄物置き場など）"と"運用方法（分別ルール，組織内の廃棄物収集時刻など）"に該当する．

　廃棄物の変更情報は，廃棄物とともに製造プロセスの出力に，廃棄物管理プロセスからフィードバックされる排出実績やコスト情報は"評価指標"に該当する．製造プロセスと廃棄物管理プロセスのタートル図の間でこのようなリンクを表現することも可能であるが，その他多くのプロセスとの間にも様々なつながりがあることを考えると，タートル図だけで全てのプロセス間の相互作用までを表現するのには無理がある．組織は必要に応じて複数のプロセス表記技法を適用して，プロセスとその相互作用を表現することを考慮するとよい．

3.6.5　プロセスの有効性評価

　プロセス概念を導入する目的は，組織により定められた目標の達成において有効性及び効率を強化することにある．"有効性"とは，附属書SLで"計画した活動を実行し，計画した結果を達成した程度"と定義されており，"程度"という言葉で暗示されるように，有効か無効かの二分法ではなく"レベル"で

表現すべき概念である．

　プロセスやシステムの有効性の評価は，"成熟度評価"によって実施されることが多い．"成熟度評価"という考え方は，アメリカのカーネギーメロン大学が開発した"能力成熟度モデル（CMM：Capability Maturity Model）"が起源とされている．

　ソフトウエアの開発・制作は，ハードウエアの開発・製造と比べて業務の進捗状況に関して目に見える部分が少ないため，品質・コスト・納期（QCD）といった基本的な管理の実行が難しい．1980年代，ソフトウエアの規模拡大に伴って管理がますます難しくなり，大規模な防衛システムのソフトウエア開発を発注するアメリカ国防総省も QCD 管理の精度をいかに向上するかに頭を悩ませていた．

　このような背景から，アメリカ国防総省は 1986 年にカーネギーメロン大学のソフトウエア工学研究所（CMU/SEI）に，QCD 管理に優れたソフトウエア外注先の選定手法の開発を委託した．CMU/SEI は，1989 年に "Managing the software process" と題した報告書を取りまとめ，QCD 管理レベルはソフトウエア開発プロセスの成熟度で評価できるとして，"能力成熟度モデル（CMM）"を提示した．CMM では，5 段階の成熟度レベルを定義し，レベルごとに詳細な評価基準を定めている．CMM は，当初こそソフトウエア開発プロセスの能力成熟度評価のために開発されたツールであったが，その後は様々なプロセスの成熟度の一般的評価モデルとして活用されるようになった．

　1991 年には CMM や欧州諸国などで開発された類似のモデルに基づく国際標準化活動がスタートし，1997 年～1998 年にかけて ISO/IEC TR 15504 という 9 部構成の技術報告書（TR）が発行された．その後 2003 年～2006 年に ISO/IEC 15504 シリーズ規格として 5 部構成に再編成されて，国際規格となった．日本では，JIS X 0145 シリーズ（情報技術―プロセスアセスメント）として発行されている．

　ISO/IEC 15504（JIS X 0145）では，図 **3.20** に示すように，6 段階の成熟度レベルとその評価基準が定められている．成熟度評価手法の解説は本書の目

的を超えるので割愛するが，興味のある方は JIS X 0145 を参照されたい．

JIS X 0145 によるプロセスの成熟度評価もソフトウエア開発プロセスの評価を超えて広がっており，2008 年度から導入された金融商品取引法の内部統制報告制度による内部統制の有効性評価でも使用されている例がある．

ISO 9004：2009（組織の持続的成功のための運営管理—品質マネジメントアプローチ）の附属書 A（自己評価ツール）に，品質マネジメントシステムの成熟度評価手法が提示されている．ISO 9004：2009 による成熟度評価モデルの概要を図 3.21 に示す．ここでは 5 段階のモデルが使用されており，CMM のモデルに近い．

いずれのモデル（評価手法）によっても，プロセスが成熟するということは，プロセスのアウトプットについての予測の信頼性が向上する，すなわち計画したとおりの成果が得られる可能性が高くなっていくことを意味している．

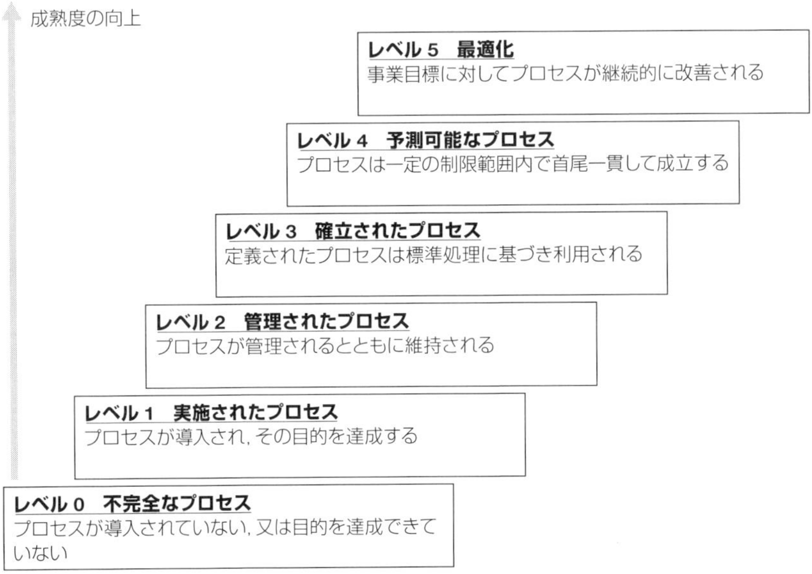

図 3.20　ISO/IEC 15504 が規定するプロセスの成熟度レベル

主要要素	成熟度レベル				
	レベル1	レベル2	レベル3	レベル4	レベル5
プロセス	体系的でないアプローチ	基本的QMS整備 部門別アプローチ	効果的,効率的なプロセスアプローチを基礎としたQMS	効果的,効率的で,プロセス間でよい相互作用があり,迅速性及び改善を支持するQMS	革新及びベンチマーキングを支持し,利害関係者の期待とニーズに対応するQMS
結果の達成(パフォーマンス)	無作為	部分的目標達成	予見される結果	持続的で一貫した良好な,予想通りの達成	業界平均を超えて長期的に維持されている結果の達成

図 3.21　ISO 9004:2009 による QMS の成熟度評価の概要

プロセスが成熟していくにつれ，次のような結果がもたらされる．
・目標と実績の乖離が減少していく
・実績のばらつきが減少していく
・プロセスのスループット（通過時間）が短縮していく
・プロセスの可視性（見える化）の向上

プロセスの成熟は競争力の向上に直結しているため，近年，プロセス革新は経営者の大きな関心事となっており，2015年改訂でプロセスの概念に基づくマネジメントシステムが共通要求事項となったことは時宜を得たものといえる．

3.6.6　EMS へのプロセス概念の適用

　組織は，ISO 14001:2015 の細分箇条 4.4 で要求される "EMS に必要なプロセスとその相互作用" を決定する場合，細分箇条 5.1 で要求される "事業プロセスへの統合" を始めから考慮したほうがよい．

　組織の事業プロセスを基本として，事業プロセスのどこに，どのように EMS の要求事項を対応させればよいかを決定できれば，"プロセス" の範囲や内容が自動的に決まってくる．EMS の要求事項に対応できる既存の事業プロセスがない場合も，一番関連の深い組織のプロセスの中に追加機能として組

み込めないか，又はそのプロセスの階層構造の下に新たなサブプロセスとして位置付けられないかを検討するとよい．

本書3.6.3項（プロセスの可視化）で紹介した"ISO/TS 16949:2009 のガイダンスマニュアル"では，プロセスアプローチによらずに構築した品質マネジメントシステムを，プロセスアプローチに基づくシステムに変更・調整する指針が提示されている．それによると"主要なプロセスとその相互関係をプロセスマッピングで明確にすれば，全面的な作り直しが必要ないことがわかる"とされている．

そうした作業のヒントとして，"プロセスを特定するために規格の箇条番号を使用しないことを推奨する．箇条番号の使用は，要素アプローチの習慣を助長する傾向があるからである"と述べられている．"プロセス"は，あくまでも組織のビジネスプロセスの中での業務の流れとしてとらえるもので，規格の要求事項の箇条番号ごとに決定するものではないということが強調されている．したがって"事業プロセス"をどう把握するのかが決定的に重要である．これについては，次節で解説する．

3.7 事業プロセスへの統合
ポイント7

3.7.1 新たな要求事項とその背景

ISO 14001:2015 で導入される新しい要求事項の一つに"組織の事業プロセスへの環境マネジメントシステム要求事項の統合を確実にする"という規定があり，これは細分箇条5.1（リーダーシップ及びコミットメント）の中でトップマネジメントが実証しなければならない事項の一つとして要求されている．

ここでいう"事業"については，5.1の注記として"組織の存在の目的の中核となる活動"と説明されている．

組織が法人である場合，会社はもとより，その他の社団法人や財団法人などの全てが，設立時に"定款"を定めて法務局に登録しなければならない．定款

には，必ず記載しなければならない絶対的記載事項が定められており（会社の場合は会社法第 27 条），"目的"は絶対的記載事項である．

法務局のホームページには法人登記の書式や記載例が掲載されており，株式会社の定款の記載例には，次のような内容が示されている．

○○商事株式会社　定款

第 1 章　総則
（商号）
第 1 条　当会社は，○○商事株式会社と称する
（目的）
第 2 条　当会社は，次の事項を営むことを目的とする
1　○○の製造販売
2　○○の売買
3　前各号に付帯する一切の事業
（本店の所在地）
第 3 条　当会社は，本店を○県○市に置く

（以下略）

法人は，定款に記載された業務以外は実施することができず，新たな業務を始めるときには定款の変更を正式に決議し（株式会社の場合，株主総会の特別決議が必要），変更内容を法務局に届け出なければならない．

組織の定款の"目的"に記載された事項が，規格でいう"組織の存在の目的の中核となる活動"である．実務上はいわゆる"本業"と理解すればよいが，組織の目的は法的に明確化されており，都合よく説明することはできないことを認識しておく必要がある．

"事業プロセスへの統合"が求められる背景には，EMS が真に効果を発揮するためには，その適用を運用（現場）レベルから経営戦略レベルにまで引き上げ，かつ本業の中で展開しなければならないという認識がある．これは，"事業プロセスへの統合"が附属書 SL で規定された要求事項であることから，全

3.7 事業プロセスへの統合

てのマネジメントシステム規格で共有される認識である．

"事業プロセスへの統合"という考え方は，認証用マネジメントシステム規格以外のISO規格で従前から示されていた．例えばISO 26000（社会的責任に関する手引）の箇条7（組織全体に社会的責任を統合するための手引）では，社会的責任の実践に重要かつ効果的なのは，"その組織の統治を通じてそれを行う方法である"と記されている．またMSS共通要求事項に影響を与えたISO 31000（リスクマネジメント―原則及び指針）の細分箇条4.3.4（組織のプロセスへの統合）では，"リスクマネジメントは，現況に即し，効果的かつ効率的であるような形で，組織の実務及びプロセスのすべてに適切に組み込まれることが望ましい"と記されている．

これらに共通する概念は，環境を含む社会的責任のマネジメントやリスク管理などは，本業と別に実施するものではなく，本業の中で実施してこそ効果があり，効率的なのだという認識である．

"事業プロセスへの統合"の必要性については，マネジメントシステム規格の認証制度の側からも要請されていた．2007年，認証機関を認定するための要求事項としてISO/IEC 17021:2006［JIS Q 17021:2007（適合性評価―マネジメントシステムの審査及び認証を行う機関に対する要求事項）］が発行され，それに基づく認定制度に移行する際，公益財団法人日本適合性認定協会（JAB）は2007年4月13日付で"マネジメントシステムに係る認証制度のあり方"と題したコミュニケを発表した．コミュニケでは，組織のマネジメントシステムについて次のように述べている（要点を抜粋）．

規格要求事項の視点から組織のマネジメントシステムを捉えるあまり，ともすると組織の本来業務とは別の異なる仕組みとして，規格ごとに個別に構築，運用するケースが見られ，また第三者による認証審査も，これを見過すばかりか，むしろ助長しているとの利害関係者からの意見も見られる．

本来，組織のマネジメントシステムは，組織のビジネス及び組織が社会の一員として行う付帯業務をマネージするただ一つのシステムである．

　マネジメントシステム規格の要求事項は，各々の段階で第三者認証を受けるか否かではなく，組織のビジネスの流れに基づいた一つのマネジメントシステムの中に組み込まれ，統合一体化されて，初めて有効に機能する．

　このような見解はJABにとどまるものではなく，世界の認定機関により構成される国際認定フォーラム（IAF）において2005年頃から形成されてきた国際的な共通認識である．"事業プロセスへの統合"は，マネジメントシステム規格を適用する組織にとって有用なだけではなく，マネジメントシステム規格の認証制度の社会的信頼性を確保するためにも不可欠な課題として認識されている．

3.7.2　事業プロセスとは

　"事業プロセス"とは何か？それが明確にならなければ統合のしようがない．

　事業プロセスを表現する方法は数多くあるが，筆者は図 3.22 に示す3階層モデルがいかなる業種・規模の組織にも適用できるものと考えている．

　中段の"基幹業務プロセス"は，製造業なら製品を設計・製造する，小売業

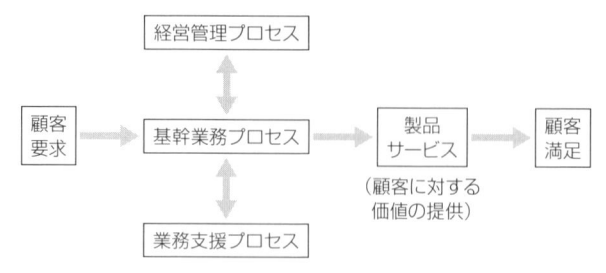

図 3.22　事業プロセスの基本（3階層）モデル

3.7 事業プロセスへの統合

なら商品を販売する，サービス業ならサービス（例えば通信や輸送手段など）を提供する業務で，顧客に対して価値を提供して対価を得るという組織の基幹業務である．しかし"基幹業務プロセス"だけで仕事が成り立っているわけではない．設備の維持管理や廃棄物管理，人事，経理など"業務支援プロセス"があってこそ"基幹業務プロセス"が機能できる．

　上段の"経営管理プロセス"は，経営者による組織目標の設定（売上や生産目標，利益率など）や，組織の業務を適正に管理するための社内規則や体制の整備など，意思決定プロセスと内部統制プロセスから構成される．

　"事業プロセスへの統合"とは，EMS の要求事項をこれらの3階層のプロセスのどこかに位置付けて，基本的な社内規則などと関連付け，会社の通常の業務プロセスの一部として実施することと理解すればよい．図3.22は最も簡素化した基本モデルで，大企業ならばこの三つの階層のそれぞれを下位の階層（二次，三次レイヤーなど）に展開するとともに，各階層をいくつかのサブプロセスに細分化して理解する必要があるだろう（本書3.6節参照）．

　一方，従業員数名の小企業であれば，基本モデルだけで十分と思われる．小企業では"経営管理プロセス"といっても実際は社長一人が担っていたり，"業務支援プロセス"はほとんど"基幹業務プロセス"を担う従業員が兼務していることもある．例えば，設備管理や廃棄物管理といった仕事は生産に従事する社員が交代で実施することもあろう．組織は，自らの事業プロセスを必要最小限のレベルで可視化（見える化）することが統合の出発点となる．

　統合する対象である"事業プロセス"を理解するとともに，統合する側の"環境マネジメントシステム要求事項"の解釈も確認しておきたい．統合すべきは"環境マネジメントシステム要求事項"であって，"規格の要求事項"ではない．"環境マネジメントシステム"という用語は"マネジメントシステムの一部で，環境側面及び順守義務を管理し，リスク及び機会に取り組むために用いられるもの"と定義されている．すなわち，内部監査の要求事項（細分箇条9.2）に監査対象として規定されている"環境マネジメントシステムに関して，組織自体が規定した要求事項"である．著しい環境側面，順守義務，リスク及び機会，

環境目標，緊急事態への準備及び対応などへの具体的な取組みを事業プロセスの中で展開していくことが求められている．

以降では，図3.22の3階層に対応して，各レベルでの"事業プロセスへの統合"について具体的に解説していく．

3.7.3　事業プロセスへの統合とは

（1）経営管理プロセスへの統合

企業に関していえば，経営者（役員）の基本的な役割は会社法によって定められており，役員の職務が法令及び定款に適合することを確保するための体制の整備が規定されている．会社法は，役員個人の責任だけではなく，以下のように会社全般の"業務の適正を確保するための体制"の整備を求めている．

会社法施行規則第九十八条（業務の適正を確保するための体制）

法第三百四十八条第三項第四号に規定する法務省令で定める体制は，次に掲げる体制とする．

一　取締役の職務の執行に係る情報の保存及び管理に関する体制
二　損失の危険の管理に関する規定その他の体制
三　取締役の職務の執行が効率的に行われることを確保するための体制
四　使用人の職務の執行が法令及び定款に適合することを確保するための体制
五　当該株式会社並びにその親会社及び子会社から成る企業集団における業務の適正を確保するための体制

上記の第二項が"リスク管理"，第四項が"コンプライアンス"に該当しており，これらを含む"業務の適正を確保するための体制"は，内部統制ともよばれる．会社の方針や年度ごとの事業計画を策定し承認する経営の意思決定プロセス

3.7 事業プロセスへの統合

（手続き）は，会社規則で定められているはずである．大企業ではコンプライアンス担当役員や業務監査を実施する監査部が設置されていることも多い．

ISO 14001:2015 では，経営戦略レベルで適用すべき要求事項が現行規格よりも増加しており，箇条4（組織の状況），箇条5（リーダーシップ及びコミットメント），6.1（リスク及び機会への取組み），9.1.2（順守評価），9.2（内部監査），9.3（マネジメントレビュー）などが該当する．

箇条4で要求される外部・内部の課題や，6.1が求めるリスク認識は，組織が事業計画を立案する際に当然考慮するはずで，通常は経営企画部門などが対応している．事業方針も，会社の外部及び内部の状況やリスク認識に立脚して決定されるはずで，環境方針も経営（事業）方針の一部として位置付けられ，それと一体のものとして組織の最高意思決定機関による承認を得て決定されるべきであろう．なぜなら，環境方針やEMSに関する計画（箇条4及び箇条6）の実行には経営資源の裏付けを必要とするので，経営（事業）計画とリンクしていなければ具体化できないからである．

順守義務にかかわる要求事項は全社のコンプライアンス体制や規則と，EMSの内部監査は全社の業務監査と関連付けられるべきである．会社の骨格となる体制や規則との関連付けを明確にすることが，経営管理プロセスへの統合である．関連付けるとは，例えば経営企画部門が環境マネジメントに関する外部・内部の課題抽出やリスク及び機会の決定を全て実施するとか，監査部がEMSの内部監査や順守評価を全て実施するということではない．

特に企業規模が大きくなると，EMSの要求事項や環境関連法規制などの詳細を理解するには，環境分野の専門部署（又は専門職）が必要となる場合が多く，EMSの計画立案，内部監査や順守評価を環境部門が主導して実施するほうが実効性は高い．しかしEMS内部監査や順守評価で重要な問題が検出された場合は，監査部門やコンプライアンス担当役員と情報共有され，必要な場合には，組織の最高意思決定機関に情報が遅滞なく報告されることを確実にすべきである．社内規則で組織経営の基本的な内部統制と環境管理プロセスの関係，具体的には環境管理部門の役割と他の部門との役割分担及び連携（報告・情報

共有など）に関するルールを明確化することにより，EMS の経営管理プロセスへの統合が実現できる．

（2） 基幹業務プロセスへの統合

"基幹業務プロセス"は，物を作る，物を売る，サービスを提供するなど，顧客に対する価値を創出し提供することで対価を得る組織の中核業務である．

したがって，このプロセスを構成する多くの活動や生み出される製品及びサービスに，著しい環境側面やリスク及び機会が多く付随している．

"基幹業務プロセス"を構成するサブプロセスは業種や規模によって多種多彩であり，汎用モデルの提示は難しいので本書では製造業のモデルで解説するが，小売業でもサービス業でもここで提示する考え方は適用できる．例えば，製造業の"基幹業務プロセス"は，受注，設計，購買，製造，出荷のようなサブプロセスに展開できる．

これらの個々のプロセスを表現する強力な手法として，本書 3.6.3 項（プロセスの可視化）の図 3.18 で解説したタートル図がある．タートル図は通常品質マネジメントシステム（QMS）で使用されるため，QMS ベースの解説図書で様々なプロセスに対する記載例をみることができる．

図 3.23 に，製造プロセスのタートル図の例を示す．この図の各ボックス内に斜体字で記載した内容が，QMS における製造プロセスの表現によくみられる記載項目である．また，下線付きで追記した内容は EMS に関する記載項目の例である．

出発点は，出力に"廃棄物"と記載することである．どのようなものづくりでも，サービス提供や小売業でも，製品やサービスの出力には"廃棄物"が伴っている．物的資源（インフラストラクチャー）として，組織内の廃棄物管理プロセスによる回収サービスなどが不可欠となる．製造プロセスには電力などのエネルギーも必要になる．昨今のエネルギー価格の高騰や CO_2 排出削減に向けて，製造プロセスにも省エネ目標の設定が求められ，実績報告も必要であろう．

こうして，製造プロセスにかかわる環境要件をタートル図上に記載できる．

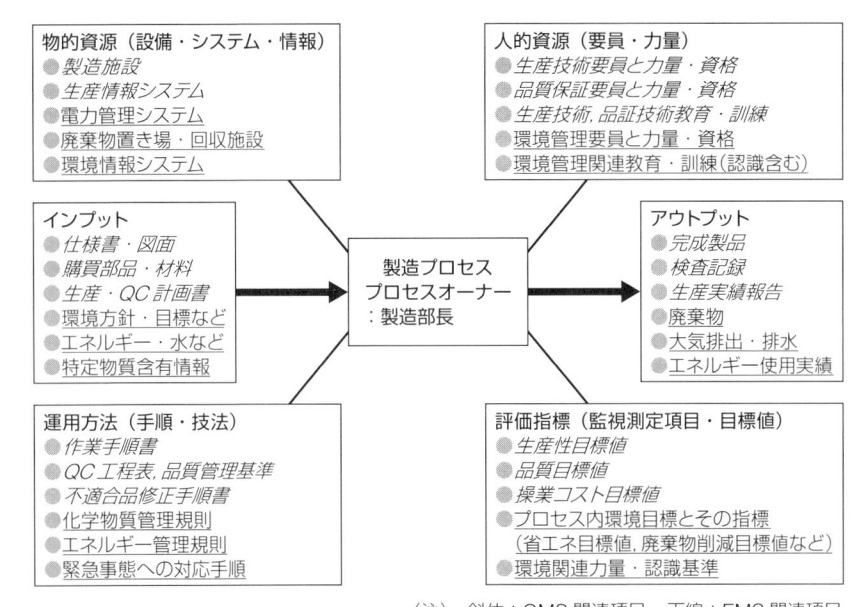

3.7 事業プロセスへの統合　　147

```
┌─────────────────────────────┐   ┌─────────────────────────────┐
│ 物的資源（設備・システム・情報）│   │ 人的資源（要員・力量）        │
│ ● 製造施設                    │   │ ● 生産技術要員と力量・資格     │
│ ● 生産情報システム             │   │ ● 品質保証要員と力量・資格     │
│ ● 電力管理システム             │   │ ● 生産技術,品証技術教育・訓練  │
│ ● 廃棄物置き場・回収施設       │   │ ● 環境管理要員と力量・資格     │
│ ● 環境情報システム             │   │ ● 環境管理関連教育・訓練(認識含む)│
└─────────────────────────────┘   └─────────────────────────────┘

┌─────────────────────────────┐                                   ┌─────────────────────────────┐
│ インプット                    │      ┌──────────────┐           │ アウトプット                  │
│ ● 仕様書・図面                │      │ 製造プロセス   │           │ ● 完成製品                    │
│ ● 購買部品・材料              │─────▶│ プロセスオーナー│──────────▶│ ● 検査記録                    │
│ ● 生産・QC計画書              │      │ ：製造部長    │           │ ● 生産実績報告                │
│ ● 環境方針・目標など          │      └──────────────┘           │ ● 廃棄物                      │
│ ● エネルギー・水など          │                                   │ ● 大気排出・排水              │
│ ● 特定物質含有情報            │                                   │ ● エネルギー使用実績          │
└─────────────────────────────┘                                   └─────────────────────────────┘

┌─────────────────────────────┐   ┌─────────────────────────────┐
│ 運用方法（手順・技法）        │   │ 評価指標（監視測定項目・目標値）│
│ ● 作業手順書                  │   │ ● 生産性目標値                │
│ ● QC工程表,品質管理基準        │   │ ● 品質目標値                  │
│ ● 不適合品修正手順書           │   │ ● 操業コスト目標値            │
│ ● 化学物質管理規則             │   │ ● プロセス内環境目標とその指標 │
│ ● エネルギー管理規則           │   │   （省エネ目標値,廃棄物削減目標値など）│
│ ● 緊急事態への対応手順         │   │ ● 環境関連力量・認識基準      │
└─────────────────────────────┘   └─────────────────────────────┘
```

（注）　斜体：QMS関連項目，下線：EMS関連項目

図3.23　EMS関連事項を追記した製造プロセスのタートル図

製造プロセスでは，品質，環境だけではなく，労働安全衛生や情報セキュリティ管理も要請されるであろうから，これらの内容も追記していけば大きなタートル図ができ上がる．こうして得られる全体が製造プロセスの真の姿である．品質管理しか念頭にない製造プロセスなどは考えられない．製造プロセスの活動，製品，サービスに伴う著しい環境側面やリスク及び機会は，製造部長の管理下でその他の管理項目と一体として計画及び実行管理されるべきで，それによってEMSの有効性が向上する．

製品・サービス実現プロセスを構成する設計・開発，購買，出荷などのタートル図上でも，同様にEMSの要求事項を統合して表現できる．

(3) 業務支援プロセスへの統合

"業務支援プロセス"を構成する様々なサブプロセスも，タートル図で統合

が計画できることはいうまでもない．

　一方で，EMS に関連する"業務支援プロセス"には，廃棄物管理プロセスや公害防止プロセス（排水処理設備の運用管理など），電力などのユーティリティ管理プロセスなどがあるが，これらはもともと組織の"業務支援プロセス"として必須のものであり，改めて"事業プロセス（業務支援プロセス）"への統合を考慮する必要はない．そのままで組織にとっては不可欠な"業務支援プロセス"のサブプロセスになっている．

　環境管理に限定されない"業務支援プロセス"には，ISO 14001:2015 の箇条 7（支援）で規定される"力量（7.2）"や"認識（7.3）"の要求事項を満たすためのプロセスがある．このプロセスの骨格は，組織の教育・研修プロセスに統合できる．例えば，新入社員研修から新任役員研修に至る階層別教育の中で，EMS に関して組織全体に共通する内容が織り込まれるべきだろう．一部のプロセスにだけ必要な"力量"や"認識"を確実にする活動は，タートル図に即していえば，各プロセスの"人的資源"の能力向上を目的に，該当プロセスオーナーの管理下で計画され実施されるものもある．

　"コミュニケーション（7.4）"で要求される様々な環境コミュニケーションのためのプロセスの計画は，中核部分は広報，宣伝，IR（投資家関係）などの組織の全体的なコミュニケーションプロセスのサブプロセスと位置付けて計画されるべきであろう．しかし，営業部門による取引先とのコミュニケーションや，購買部門によるサプライヤーとのコミュニケーションなどもあることを忘れてはならない．

　環境報告書の発行など，環境部門主導で実施するコミュニケーションであっても，組織外への情報開示については通常広報部門などによる承認ルールが定められているはずで，該当する社内規則に則ってこれらのコミュニケーションプロセスが計画されなければならない．

　ISO 14001:2015 ではコミュニケーションに関する要求事項が強化され，法定の環境関連報告（例えば省エネ法による定期報告など）を管理するプロセスの確立が求められる．法定報告に対応するプロセスは，一般のコミュニケー

ションプロセスとは分けてとらえる必要のある場合がある．これについては，本書3.9節（コミュニケーション）で別途説明する．

"文書化した情報（7.5）"の管理は，組織の文書管理体系や規則と統合されなければならない．事業プロセス全般にわたるIT化がさらに拡大する中で，EMSの情報システム化を積極的に推進することによって，事業プロセスへの統合も促進されることが期待できる．"文書化した情報"に関する要求事項と組織の情報処理システムとの関係については，本書3.10節（文書化した情報）で詳述する．

3.7.4 事業プロセスへの統合の進め方

"事業プロセス"へのマネジメントシステム要求事項の統合という考え方は附属書SLより早い時期に示されている．

2004年にISO技術管理評議会（TMB）が"Handbook on the Integrated Use of Management System Standards（マネジメントシステム規格の統合的な利用）"と題したハンドブックの開発を決議した．このハンドブックは2008年6月にISOで発売され，2009年4月に日本規格協会から邦訳版[*8]が発行されている．

同書の目的は，複数のISO，もしくは非ISOマネジメントシステム規格の要求事項を組織のマネジメントシステムにいかに統合させるのかに関するアプローチを提供することと述べられており，附属書SLの要求事項となった"事業プロセスへの統合"について解説している．

同書では，"Jim the Baker"という小さな町の架空のパン屋さんが評判をよび，事業規模を拡大する中でISOマネジメントシステム規格［当時ISO規格ではなかった労働安全衛生マネジメントシステム（OHSAS 18001）も含んでいる］の要求事項に適合した独自のマネジメントシステムを構築していく過

---

*8　ISO編著，吉澤 正 監訳（2009）:ISOがすすめる マネジメントシステム規格の統合的な利用

程がイラスト入りでやさしく解説されている．"Jim the Baker"のサクセスストーリーに加えて，ゼネラルモーターズ（GM），IBM，マンダリンオリエンタルホテルなど，世界の様々な分野及び規模の15企業での実践の事例が随所に紹介されている．

同書第3章（マネジメントシステム規格の要求事項の統合）の冒頭で，成功事例から学ぶべき原則として次の二つが提示されている．

・統合は，組織の全体的なマネジメントシステムに複数のマネジメントシステム規格の要求事項を一体として融合させるプロセスである．
・統合の結果は，複数のマネジメントシステム規格の要求事項を満たす，単一のマネジメントシステムの方向へと組織を向かわせることである．

また，同書3.4節（MSSの要求事項と組織のマネジメントシステムを結合しよう）では，実践事例に共通するアプローチとして次のように総括されている．

　（統合の進め方はそれぞれの組織で異なるが，）いずれも構造化された単一のマネジメントシステムを統合の基盤として使用している．…（中略）…すべてのアプローチが，組織の基盤となっているシステムを把握しそれに焦点を合わせて推進されたということである．

　組織は，複数マネジメントシステム規格の要求事項への対処を，それらを統合化に向けて再構築したプロセスに関係づけそして結合することによって，可能にしている．多くのケースで，その関係性は，要求事項を組織のプロセス又は手順，つまり基盤となっているシステムにマップすることで規定された．製品実現プロセス[*9]は，マネジメントシステムの背骨と

---

*9 "製品実現プロセス"はISO 9001:2008で使用される用語で，本書の"基幹業務プロセス"と同じ意味である．

> して基本であることから，統合の基礎としても一般的に利用されている．
> さまざまな事例研究は，統合にプロセスアプローチが使用されていることを示している．

附属書 SL が要求する"事業プロセスへの統合"に関する考え方と実践事例などを詳しく知りたい読者には，同書が参考になるだろう．

3.8 経営者の責任
ポイント8

3.8.1 経営者の責任に関する要求事項の意図

附属書 SL の適用によって ISO 14001：2015 箇条 5（リーダーシップ）にトップに対する要求事項が一括して提示され（マネジメントレビューを除く），特に細分箇条 5.1（リーダーシップ及びコミットメント）によってコミットメントの実証を求めるなど，経営者の責任に関する要求事項が強化された．

トップの責任の重要性については，序文 0.3（成功のための要因）で次のように述べられている．

> 環境マネジメントシステムの成功は，トップマネジメントが主導する，組織の全ての階層及び機能からのコミットメントのいかんにかかっている．組織は，有害な環境影響を防止又は緩和し，有益な環境影響を強化するような機会，中でも戦略及び競争力に関連のある機会を活用することができる．トップマネジメントは，他の事業上の優先事項と整合させながら，環境マネジメントを組織の事業プロセス，戦略的な方向性及び意思決定に統合し，環境上のガバナンスを組織の全体的なマネジメントシステムに組み込むことによって，リスク及び機会に効果的に取り組むことができる．

序文の中には，図 3.24 に示す図が掲載されており，環境マネジメントシステムの PDCA を回す中心として"リーダーシップ"が位置付けられている．この図は，中核となるリーダーシップが欠落していると PDCA は回らないことを示唆している．

"トップマネジメント"について，附属書 SL 及び ISO 14001:2015 では"最高位で組織を指揮し，管理する個人又は人々の集まり"と定義されており，一人には限定されない．後述する権限の委譲や，説明責任の遂行を正しく行うためには，組織は EMS に関する"トップマネジメント"の構成を明確に規定しておく必要がある．全社レベルでの適用の場合，社長一人としてもよいし，環境担当役員を代表として役員会議などのメンバー全員，もしくは EMS との関係が深い複数の役員としてもよい．

事業所の場合，事業所長一人でもよいし，事業所長を代表とする事業所内の

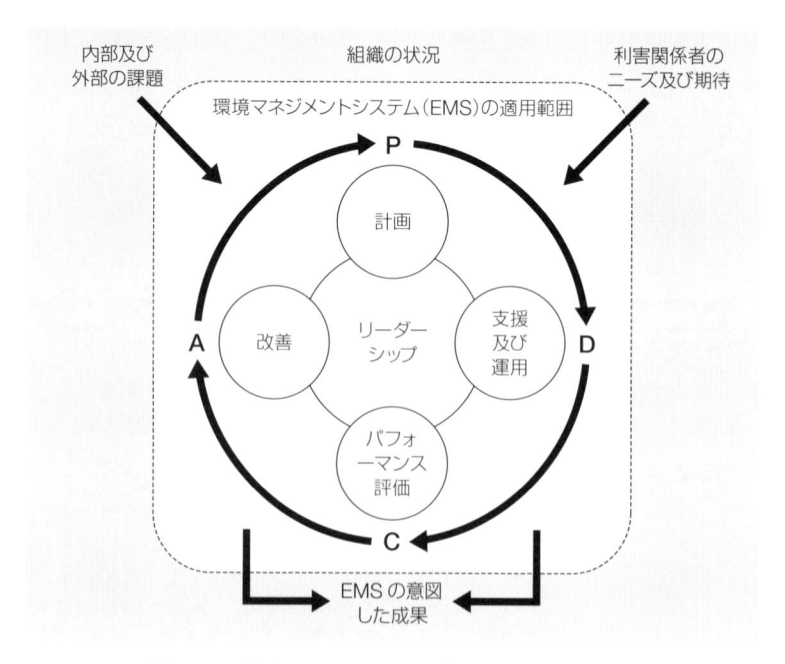

図 3.24　ISO 14001:2015 による EMS のモデル

3.8　経営者の責任

幹部会議メンバー全員，もしくは EMS に関連する複数のメンバーとしてもよい．ただし，それは EMS に関する意思決定や職務分担，指揮・命令系統などと整合していることが必須で，複数とする場合には総括責任者（常識的には社長）を定めて，責任の所在や責任分担があいまいにならないように十分注意する必要がある．

トップマネジメントに対する要求事項は，図 3.25 に示す四つの細分箇条で規定されている．

本書 2.2 節（ISO 14001：2015 要求事項のポイント）で述べたように，経営者によるコミットメントの実証を求める要求事項は，ISO 9001 の 2000 年改訂で導入された箇条 5（経営者の責任）の中の 5.1（経営者のコミットメント）において"コミットメントの証拠を次の事項によって示すこと"というテキストが導入されたことに始まっている．その後発行された食品安全マネジメントシステム（ISO 22000）や情報セキュリティマネジメントシステム（ISO/IEC 27001）でも同様の要求事項が採用され，2011 年に附属書 SL の適用義務化前に最後に発行されたエネルギーマネジメントシステム（ISO 50001）では既に"コミットメントを実証する"と表現が変わっている．

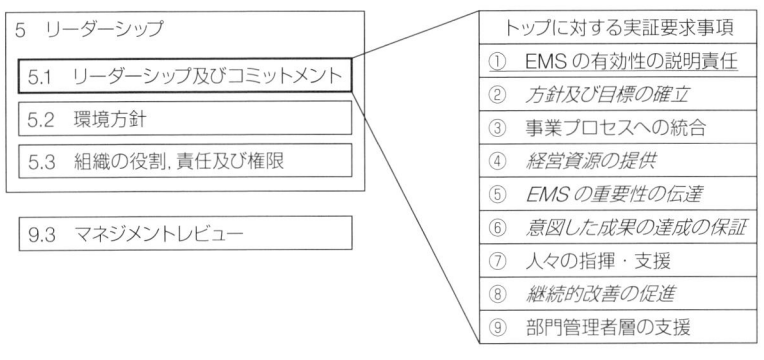

5　リーダーシップ
5.1　リーダーシップ及びコミットメント
5.2　環境方針
5.3　組織の役割, 責任及び権限

9.3　マネジメントレビュー

トップに対する実証要求事項
①　<u>EMS の有効性の説明責任</u>
②　*方針及び目標の確立*
③　*事業プロセスへの統合*
④　*経営資源の提供*
⑤　*EMS の重要性の伝達*
⑥　*意図した成果の達成の保証*
⑦　人々の指揮・支援
⑧　*継続的改善の促進*
⑨　部門管理者層の支援

（注）　下線あり：EMS 固有の要求事項．
　　　下線なし：附属書 SL による要求事項．
　　　斜体：ISO 9001 で既存の要求事項．

図 3.25　トップマネジメントに対する要求事項

ISO 14001:2015 の 5.1（リーダーシップ及びコミットメント）でトップが実証しなければならない事項は，図 3.25 の右の表に示す 9 項目があり，このうち 8 項目は附属書 SL で規定された内容である．

　附属書 SL で規定された内容は，全てのマネジメントシステム規格に共通する普遍的なもので，特に斜体で示した 5 項目は，ISO 9001:2000 による"コミットメントの証拠を示さなければならない"事項の中に既に含まれていた内容である．"事業プロセスへの統合"は附属書 SL で初めて登場した項目で，これこそトップマネジメントのリーダーシップなしでは絶対に実行できない．

　附属書 SL 規定項目のうち，"事業プロセスへの統合"に加えて従来のマネジメントシステム規格になかった項目は"人々の指揮・支援"と"部門管理者層の支援"で，これらが特に"コミットメント"というより"リーダーシップ"に該当する．序文にあるように，経営者のリーダーシップとともに，組織内のあらゆる人々の参画と貢献がなければ EMS は有効に機能し得ない．リーダーシップ及びコミットメントはトップだけに求められるものではなく，トップの支援を受けて末端の管理者層までに，それぞれの所管する業務の範囲でリーダーシップとコミットメントを実証することが求められる．

　図 3.25 の"トップに対する実証要求事項"のリストで最上段に記載された"EMS の有効性の説明責任"は，2015 年版の ISO 14001 と ISO 9001 がそろって独自に追記した項目である．"説明責任（accountability）"に関する規定は，トップに要求される"実証"という意味を明確にするために導入された．

　附属書 SL で規定された八つの実証項目のうち，"支援"に関する 2 項目はトップが自ら実行することでその本気度が示されるような内容である．しかしその他の項目，特に斜体で示した 5 項目は必ずしもトップ自らが実行しなくとも，その責任（responsibility）を他の関連する経営幹部などに委任することでもよい．委任とは，責任を丸投げして後は知らないということではない．委任した事項が確実に実行されていることを確認し，それについて最終的な責任をもつとともに，トップ自らが第三者に対して説明できること，これが"説明責任"である．"説明責任"は委任できないと附属書 A.5.1 で明記されている．

3.8 経営者の責任

　トップは細分箇条 5.1 に記載された全ての項目について，社内・社外を含む利害関係者に対して自ら説明できるように，責任を委任した人々の対応状況を常に確認しながらリーダーシップを発揮することが求められる．

　ISO 14001:2015 で要求される"説明責任"は特に何に対する説明かといえば，"EMS の有効性"に関する説明だと明記されている．"有効性"は，"計画した活動を実行し，計画した結果を達成した程度"と定義されているため，経営者が第三者に対して実際に説明しなければならないこととして，環境方針でコミット（約束）する 3 点が最低限の必須事項となる．すなわち，組織の状況認識を踏まえた"汚染の予防及びその他の環境問題への対処"，"順守義務への適合"及び"EMS の継続的改善"に関する約束の説明と，その約束を確実に果たしていくために EMS をどのように構築し，運用し，結果はどうなのかという説明である．

　経営者のコミットメントを環境方針の中で明らかにすることは従来から要求されていたが，改訂 EMS では，それらのコミットメントを中心とした EMS が意図した成果を達成する蓋然性（あることが起こる確実性の度合い）を向上させるために必要な要求事項が，PDCA 全体にわたって組み込まれている．このことを最もよく示しているのが，ISO 14001:2015 の随所に配置されている"順守義務"に関する要求事項で，これについては本書 3.12 節（順守義務の履行）で詳述する．

　経営者のコミットメント，すなわち約束を空手形にせず，"言行一致"を確実にするように全体の要求事項が設計されている．言行一致が担保されるようなシステムが整備できれば，経営者にとっても自らの方針や戦略が確実に遂行されるという確信をもつことができ，説明責任を果たすことも容易になる．

3.8.2 説明責任の重要性

　グローバル化の拡大や，IT をはじめとした技術の急速な進化，そして人々の価値観の多様化といった組織をとりまく状況の変化が加速する中で，組織，

特に企業の競争力，収益性や発展性などの評価がより複雑で多面的なものとなっている．組織をとりまく状況の変化がゆるやかであった時代には，財務諸表すなわち貸借対照表，損益計算書，キャッシュフロー計算書などをみれば企業の強み・弱みを概ね把握することが可能であり，前年度の財務状況が相当程度よければ今年度も好業績が継続するだろうと推測することができた．

しかし現在は，もはやそのような期待はできない．超優良企業と評価された企業が1年後には存続すら危ぶまれる状態に陥ってしまうといった事例が，最近いくつもみられている．つまり，財務情報は過去の情報にすぎず，未来は不確実性（リスク）の中にあるということである．こうして近年では，企業の経営者の状況認識と戦略を含む非財務情報（環境，CSR，多様性など）が投資家を中心にますます重視され，情報開示の要求が拡大している．

本書3.3.2節でも紹介したように，2014年秋，EUでついに大企業に対して財務情報だけではなく非財務情報開示を求める"大企業による非財務情報と多様性情報の開示に関するEU指令2013/34/EUを改正する指令（2014/95/EU）"が公布された．今後EU各国の国内法に展開され，2017年ごろから法定義務となる．EUの動向はやがて全世界に波及するだろう．

これからの経営者には，企業の財務面での成果に関する説明だけではなく，"トリプル・ボトムライン"とよばれる，"経済"，"社会"，"環境"に関する取組みの内容や成果についての説明責任もかかってくる．このような企業情報開示に関するニーズや期待（法規制を含む）は，関連するテーマに関して組織が実行する内容を規定する効果がある．

例えば，組織の中で上役から"○○について報告せよ"と指示されれば，多くの場合その"○○"を実行したうえで結果を報告することになろう．報告義務はしばしば行動の要求につながっているのである．

気候変動に関する国際的な取組みのあり方に関する議論が国連で継続しているが，アメリカや中国を含め世界中の国々が参加する仕組みにするためには，京都議定書のように各国に削減量を割り当てるトップダウン型ではなく，各国が削減目標を自主的に決定・公約し，その実施状況を皆でレビューしていくと

いう"プレッジ・アンド・レビュー（誓約と評価）"の考え方が主流になってきている．アメリカやEUにおける環境やCSRに関連する法制度でも，"Comply or Explain（順守か，説明か）"又は"Report or Explain（報告か，説明か）"と称される制度設計が増えつつある．いずれも従来の法規制のように一律な規制ではなく，一定の基準を提示したうえで，実行の範囲や程度はそれぞれの主体に任せ，実施しない場合や報告しない場合は，なぜ実施しない（できない）のか，なぜ報告しない（できない）のかについて説明することを義務化するものである．

企業の説明に社会が納得すればよいし，納得できないなら社会（市場）が企業に対して影響力を行使する（投資しない，製品を買わないなど）ことで企業に主体的な行動をとらせることになる．"説明責任"をきちんと果たせないということは，従来の法規制違反に対する罰則以上に厳しい社会的制裁につながることもある．ISO 14001:2015で導入された"説明責任"に関する要求事項はこのような背景に基づいていることを認識しなければならない．

表3.5に，環境省が2012年に公表した環境報告ガイドラインの中で"環境配慮経営の方向性"と"環境報告の重要な視点"について提示した各五つの重点課題（視点）を示す．環境配慮経営と環境報告の双方で，最重要事項として"経営責任者のリーダーシップ"と"経営責任者の主導的関与"が挙げられ，これに"環境と経営の戦略的統合"と"戦略的対応"が続いている．

環境報告ガイドラインは，ISO 14001:2015とは完全に独立して策定されたものであるが，両者が目指す今後の環境マネジメントの姿は全く同じ方向である．

表3.5　環境配慮経営と環境報告の重点事項

環境配慮経営の今後の重点事項	環境報告の重要な視点
1　経営責任者のリーダシップ 2　環境と経営の戦略的統合 3　ステークホルダーへの対応 4　バリューチェーンマネジメントとトレードオフ回避 5　持続可能な資源，エネルギー利用	1　経営責任者の主導的関与 2　戦略的対応(重要課題とリスク・機会) 3　組織体制とガバナンス 4　ステークホルダーへの対応 5　バリューチェーン志向

3.8.3　マネジメントレビューの活用による改訂 EMS への移行

附属書 SL 及び ISO 14001：2015 の中で，トップマネジメントを主語とする要求事項，すなわち"トップマネジメントは，○○しなければならない"という形式の要求事項は，箇条 5 以外に細分箇条 9.3（マネジメントレビュー）がある．

マネジメントレビューに関する要求事項も，ISO 14001：2015 ではレビューすべき事項が 1.5 倍くらいに増えて（詳細化して）いる．特に 2004 年版ではレビュー項目 a）から h）までの 8 項目のうち 6 項目は内部監査や順守評価，環境目的・目標が達成された程度などの結果の評価で，"変化"に関するレビュー項目は g）"環境側面に関係した法的及びその他の要求事項の進展を含む，変化している周囲の状況"だけであった．

これに対して 2015 年版では，結果の評価項目の提示に先行して，以下の 4 項目に関する"変化"のレビューが規定されている．

① EMS に関連する外部及び内部の課題
② 順守義務を含む，利害関係者のニーズ及び期待
③ 著しい環境側面
④ リスク及び機会

これらの根幹は，①にある"外部及び内部の課題"の変化のレビューであり，②から④は①から派生する事項である．これを 2004 年版の g）と対比してみると，2015 年版では確かに詳細な規定になっているが，"環境側面に関係した法的及びその他の要求事項の進展を含む，変化している周囲の状況"という 2004 年版の規定と根幹は同じである．

しかし，2004 年版の"変化している周囲の状況（changing circumstances）"という用語はこの部分だけで使用されており，EMS の計画段階での要求事項では明示的に考慮することは求められていない．一方，2015 年版における"外部及び内部の課題"は箇条 4 から箇条 6 までの計画段階での要求事項の中にもしばしば登場し，計画内容に影響を与える主要な要素で，マネジメントレ

ビュー項目がそれらにリンクすることにより，状況変化へのダイナミックな対応を促す規定になっている．"外部及び内部の課題"に関するレビューは，EMSの適切性，妥当性及び有効性の継続的改善を具現化するうえで最重要な要求事項といえるだろう．

この最重要な要求事項をISO 14001の2004年版から2015年版への移行をスムーズに進めるための出発点として活用することをおすすめしたい．

まずは2004年版の要求事項に基づくマネジメントレビューにおいて，g)の"変化している周囲の状況"として2015年改訂とそれへの認証の移行期間が3年であることを取り上げ，ISO 14001の要求事項の主な変化について経営者に認識してもらい，本節で説明した経営者の責任，特に説明責任の重要性を理解してもらうとよい．

改訂EMSへの移行は2004年版の認証を継続しつつ段階的に進めることもできる．複数回のマネジメントレビューを通じてトップが改訂EMSに対する理解を深めていけば，ISO 14001:2015への移行がスムーズに推進されるだろう．

3.9 コミュニケーション
ポイント9

3.9.1 コミュニケーションに関する要求事項の解説

附属書SLによるコミュニケーションの要求事項は本書2.2節で述べたようにきわめて簡素なもので，実質的要求事項は分野別のマネジメントシステム規格に任されている．

附属書SLの当初の要求事項では"内部及び外部のコミュニケーションの必要性を決定しなければならない"と記されていたが，2012年以降に附属書SLを適用した新たなマネジメントシステム規格や，ISO 14001を含む改訂作業が積み重ねられる中で，コミュニケーションの必要性がないという分野はなく，この部分の削除が相次ぐこととなった．さらに，附属書SLが要求する"利害関係者のニーズ及び期待の理解（4.2）"を実行するためには利害関係者とのコ

ミュニケーションが不可欠であることから，附属書SLの要求事項の間で整合性がないとの批判が顕在化し，結局"必要性"という言葉が2014年版の附属書SLから削除され，"内部及び外部のコミュニケーションを決定しなければならない"という表現に修正された．

ISO 14001：2015では，この部分を"内部及び外部のコミュニケーションに必要なプロセスを確立し，実施し，維持しなければならない"と変更している．

コミュニケーションプロセスの計画は，要求事項に規定される，何を（what），いつ（when），誰に（to whom），どのように（how）を明確にすることはもとより，コミュニケーションの目的を明確にしなければ立案できない．

まず，細分箇条4.2（利害関係者のニーズ及び期待の理解）を実現するために必須のプロセスであるとの観点から，必要なコミュニケーションを整理するとよいだろう．ISO 14001：2015の附属書Aで説明されているように，コミュニケーションプロセスは組織内外との双方向のプロセスとしてとらえる必要がある．

組織の利害関係者としては，顧客，供給者（サプライヤー），行政機関，地域社会（コミュニティ），非政府組織，投資家，従業員などが考えられ，さらには社会全体が世論や企業に対するイメージを形成する利害関係者であり得る．

こうした個々の利害関係者が必要とする環境情報の内容やレベル，公表媒体などに対する要望はきわめて多様であり，全ての利害関係者の満足を得ることは困難である（環境省『環境報告ガイドライン2012年版』より）．

通常，企業では利害関係者ごとに相対する部門が決まっており，一般社会やその代表たる新聞などのメディア対応は広報部門，顧客対応は営業・宣伝部門，投資家への対応は財務・IR（インベスターズ・リレーション）部門などである．

図3.26に多様な利害関係者と組織内担当部門の関係の例を示す．多様な外部コミュニケーションを一元的に管理・統括することは事実上不可能であるが，とはいえ，社内の各部署が整合性のないばらばらの情報を社外に向けて発信することは避けなければならない．整合性のない情報の開示は，企業に対する信頼を失墜させることにもなり得る．

3.9 コミュニケーション

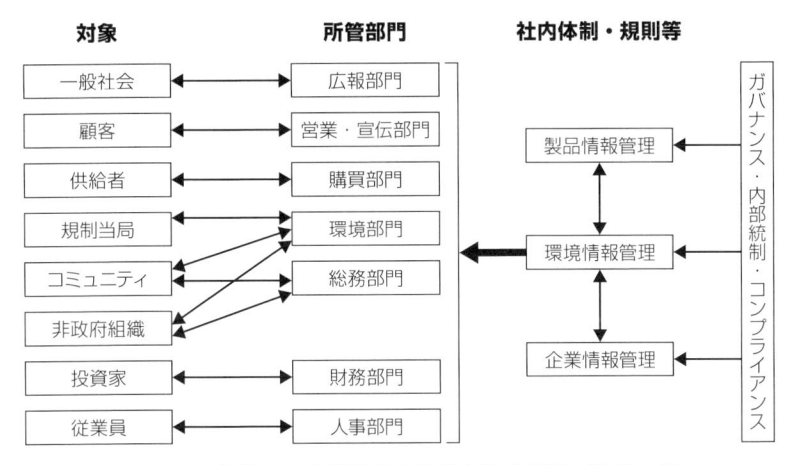

図 3.26 多様な利害関係者と組織内担当部門の関係の例

　組織の公式なコミュニケーションについては，ある程度の規模以上の組織では情報開示内容の確認及び承認に関する社内規則や，体制・責任が定められているだろう．例えば，環境報告書でも環境部門や環境担当役員の一存で公開されることはなく，例えば広報部門や広報担当役員による内容の確認と認許が必要であろう．

　しかし，こうした検閲の網を，各部門が日常実施する業務上のコミュニケーション全般にわたってかけることは非現実的である．このため，外部にコミュニケートされる環境情報の基本となる内容は組織内の各部門で共有され，齟齬がないようにしなければならない．環境部門には，企業内の様々な部門での環境関連コミュニケーションに関する支援や相談の要請に積極的に応えることが求められる．こうした目的を達成するためにも，組織の種々の階層及び部門間での内部コミュニケーションが不可欠になる．

　外部コミュニケーションで使用される環境情報には，企業の環境への取組み（方針・計画・目的など）やその成果（パフォーマンス）に関する"企業情報"としての環境情報と，提供する製品やサービスにおける環境配慮の内容に関する"製品情報"としての環境情報がある．この両者に対する情報管理の基本的

な仕組みやルールを，社内規則などで明確にしておくことが肝要である．

次項で述べるような，法令によって要求される環境情報の行政機関への報告については，それ以外の環境コミュニケーションとは別の管理プロセスが必要となる場合もある．また，内部コミュニケーション（7.4.2）で要求される"組織の管理下で働く人々が継続的改善に寄与できるようなコミュニケーションプロセス"も，その他のコミュニケーションプロセスとは別のものとなり得る．

このように，コミュニケーションプロセスは単一のプロセスではなく，目的又は対象別に並列のプロセスがあったり，基本となるプロセスのサブプロセスとして階層化して位置付けるような形で構成され得る．

図 **3.27** に環境コミュニケーションのためのプロセスの構成要素の例を示す．この図は，JIS Q 14063：2007（環境マネジメント―環境コミュニケーション―指針及びその事例）に掲載されている図を簡略化したものである．図の中で"ターゲットグループ"とは，組織が環境コミュニケーションの対象として選択した特定の利害関係者である．

全ての環境コミュニケーションにおいて，図 3.27 の右端に示すように"環

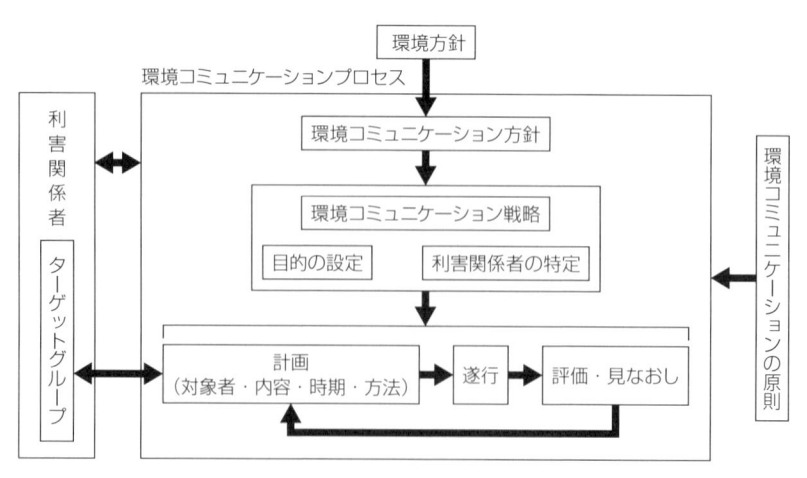

図 **3.27** 環境コミュニケーションプロセスの構成要素
（JIS Q 14063：2007 図 1 を簡素化して作成）

境コミュニケーションの原則"の順守を確実にするようなプロセスを確立すべきである.

表 3.6 に主要な環境コミュニケーションの指針に記載されている原則を示す.細部の表現に違いはあるが,基本は正しく理解容易な情報を適切な時期にコミュニケートするということである.事実と異なる情報開示は,企業に致命的な打撃を与え得ることを深く認識しなければならない.

コミュニケーションプロセスの計画に際して,"順守義務を考慮に入れる"ことが要求されているのも重要である.順守義務によって求められる環境コミュニケーションについては,次項(3.9.2)で詳しく解説する.

コミュニケーションプロセスの計画に関しては,"伝達される環境情報が,EMS で作成される情報と整合し,信頼性があることを確実にする"という要求事項を実現するようなプロセスが求められる.

表 3.6 環境コミュニケーションの原則

JIS Q 14063：2007 (環境コミュニケーション) 環境コミュニケーションの原則	JIS Q 26000：2012 (社会的責任に関する手引き) 社会的責任に関する情報の特性	環境報告 ガイドライン 2012 環境報告の一般原則	GRI ガイドライン 第 4 版（G4） 報告原則
・透明性 ・適切性 ・信憑性 （誠実・公正・正確） ・対応性 （的確かつ迅速） ・明瞭性 （理解容易性）	・完全である ・理解しやすい ・敏感である ・正確である ・バランスがとれている ・時宜を得ている ・入手可能である	・目的適合性 ・表現の忠実性 　（完全性・中立性・合理性） ・比較可能性 ・理解容易性 ・検証可能性 ・適時性	報告内容に関する原則 ・ステークホルダーの包含 ・持続可能性の文脈 ・マテリアリティ ・網羅性 報告品質に関する原則 ・バランス ・比較可能性 ・正確性 ・適時性 ・明瞭性 ・信頼性

この要求事項は，財務報告の正確性及び信頼性を確保するために，金融商品取引法によって内部統制システムの整備が企業に義務付けられているように，環境情報に対する内部統制の機能を EMS に組み込むことを意図している．このような情報管理の徹底は，担当者の目線でみると業務を増やし，難しくするとして抵抗がある場合も多いと思われるが，後述するように，組織のリスク管理の面からも今後さらに重要になることである．

コミュニケーションプロセスの計画にあたっては，ISO 14001：2015 附属書 A.7.4 にも記されているように，JIS Q 14063：2007（ISO 14063：2006　環境コミュニケーション―指針及びその事例）も参考になる．

3.9.2　順守義務による環境コミュニケーション

コミュニケーションプロセスの計画で，順守義務を考慮に入れるという要求事項に対応するためには，まず法令で要求される環境コミュニケーションの種類と内容を把握する必要がある．これについては ISO 14001：2015 の細分箇条 6.1.3（順守義務）で規定される，組織に適用される法令を決定するプロセスによって特定されなければならない．

エネルギー使用量が所定の量を上回れば，省エネ法（エネルギー使用の合理化等に関する法律）による企業単位での定期報告や中長期計画の提出が求められる．法令による報告義務を規定した環境法規は多く，一例として温暖化対策法（地球温暖化対策の推進に関する法律），PRTR 法（特定化学物質の環境への排出量の把握等及び管理の改善の促進に関する法律），廃棄物処理法（廃棄物の処理及び清掃に関する法律），改正フロン法（フロン類の使用の合理化及び管理の適正化に関する法律）などがある．加えて，近年地方自治体の条例に基づく環境関連の計画策定・報告義務なども増えている．

また特定の施設を有する製造業の事業所では，公害防止統括者，公害防止主任管理者（国家資格），公害防止管理者（国家資格）などの任命と届出が求められるとともに，関連する測定と記録保存義務が課せられ，必要な場合には所轄

の都道府県知事による報告が求められることもある．大気汚染防止法や水質汚濁防止法に規定される特定の施設については，設置時や変更時の届出義務もあり，これらの行政への環境関連の届出も環境コミュニケーションの一部である．

一般に法令に基づく環境情報の報告内容については，政省令や告示によって報告事項の詳細が規定されていることが多い．法令に基づく環境情報報告は，法令順守（コンプライアンス）の観点からも十分な管理が必要になる．

法定環境報告のプロセスは，個別法ごとに報告内容に関する規定が異なり，組織内の担当部門が異なる場合もあるため，法令ごとにコミュニケーションのサブプロセスを計画・実施するほうがよい場合もある．

こうしたものは，コミュニケーションプロセスから外して，コンプライアンスプロセスの中で対処するという考え方もあるだろう．

法定報告以外で組織が自ら受け入れた順守義務，例えば毎年環境（CSR）報告書を発行するとか，製品やサービスに関連する環境ラベルやフットプリント制度に参画して環境表示を貼付するような場合，環境報告や環境表示に関する要求事項や指針に準拠する必要がある．任意領域での環境情報の開示についても，適合すべき基準や指針を明確にし，その順守を確実にするようなプロセスの確立が必要である．

順守義務による環境情報の開示をコミュニケーションプロセスとしてとらえるか，コンプライアンスプロセスとしてとらえるかにかかわらず，個々の環境報告の責任者や最終的な組織内の承認権者を明確に規定すべきである．

3.9.3　環境コミュニケーションの注意事項

本書3.8節（経営者の責任）の中で，経営者が負う説明責任とその重要性について述べた．環境コミュニケーションについても，"信頼性があることを確実にする"ということが要求事項の中に明記されており，組織には附属書A.7.4に記載されている原則を忠実に順守する必要がある．

組織が発信する情報が事実と異なることが判明した場合に，社会や市場がき

わめて厳しい制裁の発動に動くことがいっそう増えてきている．また順守義務，特に法令による環境情報の開示では，不実の情報開示に対して行政罰だけではなく刑事罰（懲役など）が科される場合もあることを認識しなければならない．特に注意を要するものは，投資家向けと一般消費者向けの情報開示である．

　投資家向けの情報開示については，投資家の保護と公正な市場取引を担保するために金融商品取引法によって，投資家が投資先の選択について意思決定を行うために参照される有価証券届出書や有価証券報告書，目論見書（有価証券の販売のための投資家向け説明文書）などに不実記載（虚偽記載）があると，それらの文書の提出者に対して懲役10年以下，罰金（個人1,000万円以下，法人7億円以下）などの罰則が適用されるとともに，投資家がこうむった損害に対する賠償責任が生じる．賠償責任は，企業の役員にも監査を行った公認会計士や監査法人にも課せられる．これに加えて金融庁から課徴金も課せられる．

　有価証券報告書などで不実記載（虚偽記載）があると，程度によっては証券取引所への上場が廃止されることもある．

　近年，企業の環境やCSRへの取組み内容や実績を投資の意思決定の一部として参照する投資家が増えてきており，まだ摘発事例はないが環境報告書などでの不実記載についても金融商品取引法による摘発という事態も起こり得ることを認識しておく必要があるだろう．

　一般消費者向けの環境情報についても監視の目はいっそう厳しくなっている．基本となる法律は"景品表示法（不当景品類及び不当表示防止法）"である．これは1962年制定の古い法律であり公正取引委員会が所管していたが，2009年に消費者庁の設立とともに同庁に移管され，大幅な改正も行われて罰則も強化された．

　景品表示法により禁止される不当表示には，大きく分けて次の3種類がある．
・優良誤認表示：実際より著しく優良と見せかける表示
・有利誤認表示：実際より著しく有利であると見せかける表示
・その他誤認される恐れのある表示（おとり広告など）

2014年6月には更なる改正法が公布され，事業者に"表示等の適正な管理

のため必要な体制の整備その他必要な措置"を講じる義務，すなわち，表示に関するコンプライアンス体制の確立が求められることになった（第7条，2014年12月1日施行）．

違反行為が検出されると，消費者庁長官（政令で内閣総理大臣から委任）による措置命令（2009年改正前は"排除命令"とよばれていた）が発動される．措置命令では事業者に対して次の事項が求められる．

・違反したことを一般消費者に周知徹底すること
・再発防止策を講じること
・違反行為を将来繰り返さないこと

命令違反に対しては，2年以下の懲役又は300万円以下の罰金（併科あり），法人に対しては3億円以下の罰金が科せられる．さらに2015年には課徴金制度も導入される予定である．

環境情報関連では，2009年4月（消費者庁への移管前）に大手家電メーカが電気冷蔵庫にリサイクル材を活用した真空断熱材を使用したことで，製造段階で排出するCO_2を約48％削減したと新聞やポスターで公表したことについて，実際の削減量はその数値を著しく下回るものであったことが判明したため"優良誤認違反"として排除命令（現行法の措置命令）が発出された．2011年12月には，電機メーカ11社がエアコンの省エネ性能表示において試験方法を操作して測定を行っていることが判明し，正しい数値に与えた影響について公表するよう要請がなされ，11社がこれに従ってホームページ上で結果を公表することになった．

最近でも，LED照明の明るさに関する優良誤認表示や，携帯電話等用ソーラー式充電器の充電時間に関する優良誤認表示に対して措置命令が発出されている．

以上で述べてきたように，環境に関する企業情報や製品情報の信頼性（適正性）を確実にするような管理体制を構築することは，企業にとって必要不可欠なものとなっている．このような社会のトレンドに照らせば，ISO 14001: 2015によるコミュニケーションプロセスの確立及び実施を求める要求事項は

時宜にかなうもので，順守義務の一環としても真摯に対応すべき事項である．

ISO 14001：2015 の細分箇条 7.4（コミュニケーション）では，信頼できる環境コミュニケーションを実施するために必要なプロセスの確立が求められているが，コミュニケートされる個々の環境情報の信頼性を直接要求するものではない．したがって，認証審査においてはコミュニケーションプロセスが審査対象となるのであって，環境報告書や省エネ法の定期報告書などの内容そのものは審査対象外である．システム審査と情報審査は別物なのである．

3.10 文書化した情報
ポイント 10

3.10.1 文書化した情報とは

附属書 SL のガイダンス文書の一つである"FAQ（よくある質問）"[*10] の中で，次のような質問と回答が掲載されている．

13."文書類"又は"記録"という用語ではなく，"文書化した情報 (documented information)"という用語が使われているのはなぜか．

規格は，現行の技術を反映して更新されてきた．データ，文書類及び記録は，今や，電子的に処理されることが多い．よって，このような状況を記述し，考慮に入れるために"文書化した情報"という新しい用語が作られた．この用語には，文書類，文書，文書化された手順及び記録等の従来の概念が含まれている．

また，ISO/TC207/SC1 が 2015 年改訂の概要を説明した公開文書"ISO 14001 の改正　スコープ，スケジュール及び変更点に関する情報文書"の中で，

---

*10　和訳は日本規格協会のウェブサイトの"マネジメントシステム規格の整合化動向"で公開されている．

改訂による大きな変更点の一つとして"文書類"が挙げられており，次のような説明が示されている．

> マネジメントシステムの運営のためのコンピューター及びクラウド型システムの進化を反映して，改正版では，"文書"及び"記録"に代わって，"文書化した情報"という用語を導入している．ISO 9001 とも整合して，組織は，有効なプロセス管理を確実にするために，どういう時に"手順"が必要かを決定する自由がある．

このように，いずれの解説においても"文書化した情報"という用語は，世界的に組織における情報システムの進化を背景とした用語の変更であると説明している．ISO 14001:2015 で，文書化した情報は次のように定義されている（附属書 SL による定義と同じ）．

> **3.3.2 文書化した情報（documented information）**
> 組織（3.1.4）が管理し，維持するよう要求されている情報，及びそれが含まれている媒体．
> 注記1 文書化した情報には，あらゆる形式及び媒体の形をとることができ，あらゆる情報源から得ることができる．
> 注記2 文書化した情報には，次に示すものがあり得る．
> ― 関連するプロセス（3.3.5）を含む環境マネジメントシステム（3.1.2）
> ― 組織の運用のために作成された情報（文書類と呼ばれることもある．）
> ― 達成された結果の証拠（記録と呼ばれることもある．）

注記1に記載のとおり，文書化した情報には紙に記載した文書だけではな

く，図面や画像，動画，音声などあらゆる情報の形式を含み，かつ CD や DVD はもちろん，クラウドコンピューティングなどの情報システムの中にデータとして格納され，デスクトップ端末や移動端末（スマートフォンなど）で閲覧するような媒体の形が全て包含される．

注記 2 の例示の 1 番目の事項で，"プロセス"や"マネジメントシステム"までもが"文書化した情報"であると明記していることも重要である．従来のマネジメントシステム規格でなじみのあった"文書化した手順"も，本書 3.6 節（プロセスとその相互作用）で既述のように"プロセス"の一部であるから，"文書化した情報"の一つである．

細分箇条 7.5（文書化した情報）の中に"環境マネジメントシステムの有効性のために必要であると組織が決定した，文書化した情報"を EMS は含まなければならないという要求事項がある．組織が必要と決定するならば，従来の"文書化した手順"もこの要求事項に該当するし，新たに導入された"プロセスとその相互作用"を規定するために必要な情報の可視化手法（本書 3.6 節参照）を採用して作成されるいかなる形式の情報もこの要求事項に該当する．

附属書 SL でも ISO 14001：2015 でも，"文書化したプロセス"を求める要求事項はない．プロセスについては，当然"文書化した情報"としておく必要があるが，どの程度までを文書化した情報とするかは組織の判断にゆだねられている．

3.10.2 EMS 関連情報の IT 化

インターネットに代表される IT 技術の飛躍的な進展は，組織の事業プロセスの様々な要素の情報システム化を促し，その結果組織内外での情報共有化の拡大や部門間及び組織間連携・調整の容易化など，組織の業務効率や生産性の大幅な向上をもたらしている．

行政分野でも，電子政府（e-Gov：イーガブ）化の動きが拡大し，2014 年 8 月末現在で 4,170 件の中央省庁での行政手続きがオンライン申請可能になって

いる．夜間・休日含め24時間いつでも，インターネットにアクセス可能な場所ならばどこでも手続きが可能で，記入ミスや漏れが防止され，手続きの時間とコストが節約できる．特に利用が拡大しているものには，国税電子申告・納税システム（e-Tax）や社会保険・労働保険関係手続などがある．

企業情報開示の電子化も進んでおり，金融商品取引法による有価証券報告書等の開示では，EDINETとよばれる"開示用電子情報処理組織"による電子開示が義務付けられている．EDINETでは，2008年4月1日以降に開始する事業年度から財務諸表部分に関してXBRL（拡張可能な事業報告言語）での提出が義務化されたことにより，企業間の比較分析など財務データの二次的利用も容易化されている．

環境マネジメントに関するIT化も様々な部分で進展しつつあり，早いものでは1998年にスタートした産業廃棄物の適正処理管理ための電子マニフェストシステムがある．

電子マニフェストシステムを使用すると，記入ミスや漏れが防止されることで管理の信頼性が向上し，かつ，所轄自治体への"排出事業者の産業廃棄物管理票交付等状況報告"が不要となるなどのメリットは大きいが，排出事業者から収集運搬，最終処分業者までの参画がそろわないと十分な効果が得られないこともあって，2013年度末での普及率は35％にとどまっている．

省エネ法の定期報告の作成についても自動集計できるエクセルシートなどが以前から提供されてきたが，今では報告書作成支援機能を大幅に充実化したツールが資源エネルギー庁から公開されるなど，個別業務の効率化に向けた情報処理技術の活用が着々と進みつつある．

環境報告書の開示についても，環境省はEDINETと同様にXBRL言語による電子提出の拡大を目指した試行事業を実施するなどの実用化を指向しており，同様の動きはGRI（グローバル・レポーティング・イニシアティブ）による持続可能性報告の電子化や，カーボンディスクロージャプロジェクト（CDP）報告のオンラインの中でも進められている．

ビジネス用ソフトウエア・ソリューション提供企業からは，既に様々な環境

経営支援ソフトやソリューションサービスが提供されている．

温室効果ガスの排出やエネルギー使用量など多様な環境パフォーマンス情報を統合管理し，集計作業などを自動化するものや，PRTR 制度（化学物質排出移動量届出制度）により求められる報告を，購買（資材）情報システムとリンクして自動作成するシステムなどが大手企業では既に多く導入されている．

ISO 14001：2015 の適用は，事業プロセスのあらゆる場面で情報化がいっそう加速する状況の中で実施されることを認識しておかなければならない．

3.10.3 文書化した情報の概念の活用

EMS の情報システム化を念頭に導入された"文書化した情報"の概念（用語）を最大限に生かすためには，今回の改訂を好機として，次世代 EMS を企業情報システムの一部として見直してみることを筆者はおすすめしたい．

情報システムとしてとらえることで，"プロセスとその相互作用"や，"事業プロセスへの統合"という ISO 14001：2015 の要求事項への対応が，より確実に，かつ容易に実現できるのではないだろうか．

ISO 14001：2015 では，2004 年版の 4.4.4（文書類）の c）に規定された"環境マネジメントシステムの主要な要素，それらの相互作用の記述，並びに関係する文書の参照"という文書類（すなわち，環境マニュアルのようなもの）に関する要求事項はなくなった．ISO 9001：2015 でも"品質マニュアル"の要求事項は削除された．規格の要求がなくなっても，組織が EMS の有効性のために必要であると判断すれば，もちろん従来の環境マニュアル的なものを維持することは全く自由である．しかし，今後の"環境マニュアル"は"文書化した情報"であることを想起すれば，紙による文書のイメージから脱却し電子化することが肝要である．

電子化・情報システム化を前提に考えると，規格の箇条番号（項番）に沿った構成から脱却することができる．規格の箇条番号に基づいたマニュアルの構成が，組織の運営の実態からかい離した形式的なシステムと運用の形骸化につ

ながるという認識が欧米のマネジメントシステム規格関係者の間で広がっている.

本書 3.6.6 項（EMS へのプロセス概念の適用）において，ISO/TS 16949：2009（自動車生産及び関連サービス部品組織の ISO 9001：2008 適用に関する固有要求事項）のガイダンスマニュアルで，"プロセスを特定するために規格の箇条番号を使用しないことを推奨する．箇条番号の使用は，要素アプローチの習慣を助長する傾向があるからである"と述べられていることを紹介した．"プロセス"は，あくまで組織のビジネスプロセスの中での業務の流れとしてとらえるもので，規格の要求事項の箇条番号ごとに決定するものではないということである．

同様のことが ISO 14001：2015 の附属書 A.2（構造及び用語の明確化）で，次のように述べられている.

> 組織の環境マネジメントシステムの文書にこの規格の箇条の構造又は用語を適用することは要求していない．組織が用いる用語をこの規格で用いる用語に置き換えることも要求していない．組織は，"文書化した情報"ではなく，"記録"，"文書類"又は"プロトコル"を用いるなど，それぞれの事業に適した用語を用いることを選択できる．

ISO 14001：2015 でも ISO 9001：2015 でも，トップマネジメントの責任が重視され，経営戦略レベルでの適用拡大を指向している．これに対応するには，EMS に関する組織内のルールや，コミュニケーションで使用される用語は自組織の役員室で通常使用されるものでなければならない．"著しい環境側面"ではなく，"重要な環境課題"と表現してもよく，それが規格で使用される"著しい環境側面"であると翻訳して理解するのは外部の審査員の役割である．

規格の箇条番号や特殊な用語から自由になって，自らの組織にとって一番理解しやすい形で EMS を"文書化した情報"として構築すればよい．

幸い現代のインターネット及びイントラネットでは，同じサイトの内部はも

とより，外部（他組織）のサイトのページとも"リンク（ハイパーリンク）"を張ることが簡単にできる．例えば，組織内の情報システムにアクセスするトップページの中に"経営方針"というタイトルの目次を用意しておき，そこをクリックすると組織が公表している経営全般の基本方針をはじめ"環境方針"などテーマ別の方針の一覧表が現れ，そこで"環境方針"をクリックするとその内容が表示される，というような形で社内に環境方針を伝達できる．このような形で環境方針を提示すれば，それが組織の様々なテーマ別方針の一つであることが明確化され，事業プロセスへの統合の実証にもなる．

　ISO 14001：2015 の箇条タイトルを索引として使用するのが便利であれば，もちろんそうしてもよい．しかし，箇条番号などは付与する必要はないし，組織が自らのプロセス構成に適した固有の番号を付けてもよい．図 3.28 に組織の情報システムの画面イメージを示す．この図の中の双方向の矢印が"リンク"を表している．環境に関するページから，組織内の様々な事業プロセスのページにリンクすることで"事業プロセスへの統合"も促進されるだろう．

　"文書化した情報"の概念の活用はインターネット技術によるペーパーレス

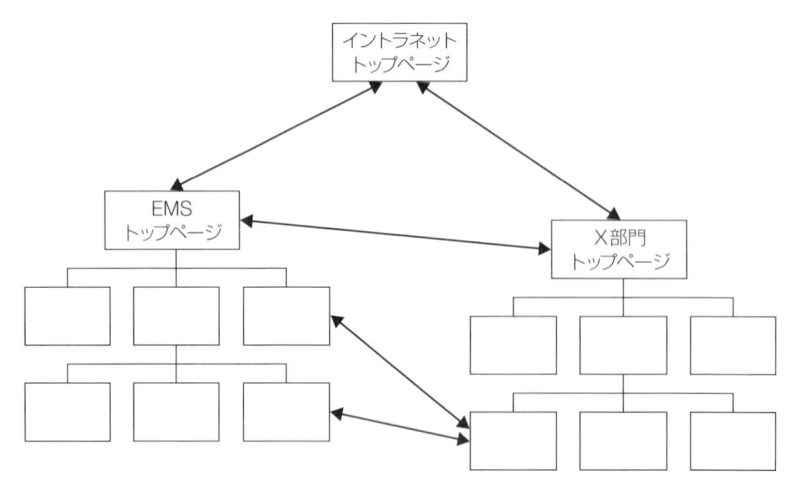

図 3.28　文書化した情報としての EMS の構築イメージ

化にとどまらず，様々な方法でEMSのあり方を革新する可能性を秘めている．

例えば，音声や動画の活用である．我が国のエネルギー基本計画などについて審議する経済産業省所管の総合資源エネルギー調査会・基本政策分科会では，議事録や配布資料の公開に加えて，会合ごとの動画までが公開されている．組織内でも全社レベルでの環境委員会のようなものを開催した場合，それをイントラネットの動画で組織内に公開することも可能である．トップが"環境方針"を含む自らのコミットメントについて語る動画を組織内に公開すれば，トップの本気度が伝わる．

内部監査でも，現場審査の中で例えば老朽化した設備などの大きな課題が発見されたら動画で記録し，マネジメントレビューで環境担当役員に見てもらうと文書と口頭での報告よりもはるかに有効であろう．"百聞は一見にしかず"である．

認証審査の最初と最後の全体会議の様子を社内に動画中継することも可能である．"文書化した情報"の概念は，EMSの有効性の向上に向けて無限の可能性を秘めているのである．

3.11 ライフサイクル思考
ポイント11

3.11.1 ライフサイクル思考に関する要求事項の解説

ISO 14001:2015では，"ライフサイクル"という用語の定義が掲載された．2015年改訂の第二次委員会案（CD2）までは"バリューチェーン"という用語が定義され，8.2に"バリューチェーンの管理"と題した細分箇条が置かれていたが，国際規格案への移行にあたって"バリューチェーンの管理"に関する要求事項は簡素化され，8.1（運用の計画及び管理）に統合された．

"バリューチェーン"は製品のライフサイクル，すなわち原材料の取得又は天然資源の産出から，使用後の処理までを含む活動（ゆりかごから墓場までともいわれる）に関与する"組織"のつながりの全体を意味している．製品の視点

でみる場合は"ライフサイクル",組織の視点では"バリューチェーン"と使い分けてもよいが,実務的にはほぼ同様のことを意味していると考えてよいだろう.

図 3.29 に"バリューチェーン"の基本的なイメージ図を示す.バリューチェーンは組織から見て"上流側",すなわち購入する物品などが組織に入ってくる側と,"下流側",すなわち組織が提供する製品やサービスが出ていく側に分けることができる.

図の中で,"一次供給者"と表現しているものには,材料や部品などの供給者(サプライヤー)に加えて,電力・通信・金融などのサービス提供者や,組織のプロセスの一部の外部委託先も含んでいる.この図では"自社"を最終製品メーカの位置に置いて示しているが,"自社"がバリューチェーンのどこに位置しているかで描き方は当然異なる.

用語の定義とともに,序文や適用範囲(箇条 1),また附属書 A などでライフサイクル思考の重要性はいろいろと述べられているが,要求事項としてはわずか 2 か所で記載されるにとどまっている.

一つは,細分箇条 6.1.2(環境側面)の中で,"ライフサイクルの視点を考慮

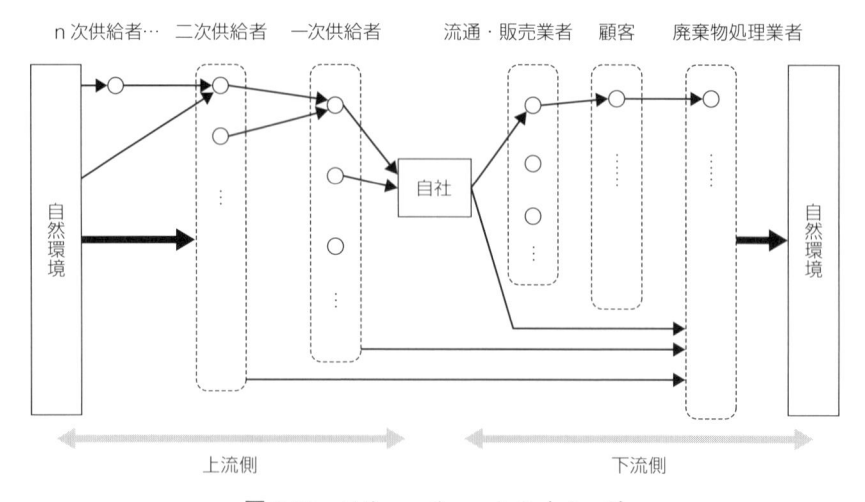

図 3.29 バリューチェーンのイメージ

3.11 ライフサイクル思考

して"環境側面を特定することが求められる．ここで"考慮して"の原文は"considering"なので，"考慮はするが適切な対象がないなら特定結果に反映されなくともよい"という柔軟な要求になっている．

ちなみに，規格の英文で"take into account"という表現が使用されている場合，和訳では"考慮に入れる"と表現している．この場合は，考慮する内容が結果に反映されなければならない．

2004年版でも附属書A.3.1（環境側面）において，"原材料及び天然資源の採取及び運搬"から"製品の流通，使用及び使用後の処理"など，製品及びサービスのライフサイクル全般にわたる考慮について述べられており，"ライフサイクルの視点を考慮して"という用語が要求事項に明記されたとはいえ，実質的に大きな変更ではない．

もう一つは，細分箇条8.1（運用の計画及び管理）の中で，"ライフサイクルの視点に従って"調達や設計プロセスの中で実施すべき事項と，組織の上流及び下流の関係者との間で必要なコミュニケーションを行うことが規定されている．2004年版では，組織外に対する要求事項の対象は"供給者"と"請負者"に限定されていたことに比べれば"視点"は拡大されているが，実質的な対応は組織に任されており，組織を一律にしばるような具体的な要求事項にはなっていない．

ライフサイクル思考の一部として，2015年版で唯一追加された具体的でかつ強い要求は"外部委託（アウトソース）したプロセス"に対する管理又は影響を及ぼすことである．

"アウトソース（外部委託する）"という動詞は，附属書SLで次のように定義されている．

外部委託する（outsource）（動詞）

　ある組織(3.01)の機能又はプロセス(3.12)の一部を外部の組織(3.01)が実施するという取決めを行う．

> 注記　外部委託した機能又はプロセス（3.12）はマネジメントシステム（3.04）の適用範囲内にあるが，外部の組織（3.01）はマネジメントシステムの適用範囲の外にある．

　アウトソースしたプロセスに対する管理は，ISO 9001 では 2000 年改訂時点から要求されていた（表現形式は異なるものの，1987 年発行の ISO 9001 初版から請負者に対する管理に関する要求は存在していた）．
　ISO 9001 及び ISO 9000 でも従来は"外部委託する（アウトソース）"という用語の定義はなかったが，アウトソースしたプロセスの管理を求める要求事項（4.1）の参考 2 として附属書 SL に近い説明が提示されていた．
　従来の ISO 14001 でも，4.4.6（運用管理）の中で，組織が用いる物品及びサービスの特定された著しい環境側面に関する手順を確立し，適用可能な手順を供給者及び請負者に伝達するという要求事項があったが，"外部委託する（アウトソース）"という言葉はなく，"請負者"を"外部委託先"より狭く解釈していた組織も多いだろう．
　アウトソースとは，組織の機能又はプロセスの一部を外部の組織が実施することをいい，元来，組織が実施していない（事業プロセスではない）ものを利用することはアウトソースではない．電気事業者ではない組織が電力の供給を受けることや，廃棄物処理業ではない組織が廃棄物処理業者に処理を委託することはアウトソースとはいわない．例えば製造業で，めっきや塗装など，社内のプロセスで実施していた業務を外部の企業に委託するようなものをアウトソースという．
　近年，企業は生産性向上やコストダウンを目的として様々な業務の外部委託を拡大していることに注意する必要がある．かつては社内に大型の計算機を設置し情報処理部門が運用していたような情報処理業務のアウトソース化が急速に進行している．コールセンターや保養所の運営管理などでもアウトソースが拡大しているようである．

3.11 ライフサイクル思考

　前掲の"外部委託する（outsource）"の定義の注記は重要である．外部委託したプロセスは，それがEMSの地理的な適用範囲の外，例えば中国やベトナムで実施されていても，それはEMSの適用範囲内として管理又は影響を及ぼすことが求められる．管理又は影響の方法は組織がEMSの中で決めればよいが，地理的所在にかかわらず外部委託したプロセスはEMSの適用範囲に含まれることを認識しなければならない．

　同じプロセス，例えばめっきや塗装を自社の事業所構内又は隣接した場所に立地する企業に外部委託する場合と，ベトナムやタイに立地する企業に外部委託する場合とでは，当然ながら"管理又は影響"の方法は変わらざるを得ない．ごく近傍にあれば社内のプロセスに近い管理も可能かもしれないが，海外となるとそうはいかない．外部委託先に対する管理又は影響の方法や程度は，委託先ごとに適切なものとしなければならない．

　こうした"管理又は影響の方法"は，"事業プロセスへの統合"という全般的な要求事項に即していえば，"購買（資材調達）プロセス"の中に組み込まれていなければならない．一般的に，外部組織への業務委託などの取引関係を確立するにあたっては，信用調査をはじめ，相手方の技術力や管理能力を評価するとともに，品質不良などの不具合発生時の責任分担や，必要に応じて二者監査を実施するなどの契約事項に双方が合意したうえで取引関係が始まる．環境に関する事項が，品質，コスト，納期などの基本的な取決めと同様に契約書やその後の購買部門による運用管理の中に反映されている形になれば，事業プロセスへの統合ができているといえるだろう．

　外部委託に関する要求事項の実質的な強化を除いては，EMS将来課題スタディグループ報告書（本書1.4.2節）のテーマ7［EMSと製品サービスの（バリューチェーンでの）環境影響］に基づく二つの勧告事項（表1.7の第20，21項）に照らしてみるとやや腰砕けの感がぬぐえない．

　しかし，スタディグループ報告書が指摘しているように，現代のバリューチェーンはグローバルに拡大・複雑化しており，企業によって取組みのレベルは大きく異なり，一律に詳細な要求事項でしばることは不可能であるため，徐々

に管理能力を向上させていくというアプローチをとらざるを得ないのである．

　規格の要求事項の柔軟性を悪用し，抜け穴を探して最低限の取組みで認証を取得・維持しようとするか，要求事項を出発点として自ら取組み内容を充実化していくか，組織の対応も多様な姿が見られることになるだろう．

　ほかでも述べたが，ISO 14001:2015では従来以上に処方箋を詳細に提示することをやめ，組織に経営的視点に基づく戦略的な環境マネジメントを求める形になっている．抜け穴探しで超低空飛行をしていると，やがて社会の壁に激突し組織として存在できなくなる可能性が高まるだろう．なぜISO 14001:2015で"ライフサイクルの視点"が要求事項のテキストに明記され，外部委託に対しては具体的な要求事項が強化されたのか，その時代背景や社会の期待及びニーズについて，次節で説明する．

3.11.2　ライフサイクル思考の必要性

　ある製品が地球環境に与える影響を，その製品の全ライフサイクル，すなわち原材料の取得又は天然資源の産出段階から，使用後の処理（最終処分）までを含めて考慮することがなぜ必要なのか．この問いに正しく答えることができないまま，単に外部の利害関係者（取引先，行政機関あるいは環境NPOなど）から情報開示を求められるから対応するという姿勢では，本当に価値ある取組みは期待できない．

　ライフサイクル思考の重要性を理解するためには，視点を"生産"から"消費"に移すことが必要になる．国連やEUの環境政策の中では，"持続可能な生産と消費"という大きな旗印が掲げられており，"消費"の視点からの環境政策がいろいろと検討され，試行されてきている．

　2008年，イギリスで世界初の製品のカーボンフットプリント算定の規格（仕様書）であるBS/PAS 2050が発行された．カーボンフットプリントとは，製品のライフサイクル全体にわたって排出される温室効果ガスを集計し，その総量を製品に表示するものである．"製品のカーボンフットプリント"の必要性

について，BS/PAS 2050 の関連文書で次のような主旨の説明が記載されている．

> イギリスの温室効果ガス排出量は 1990 年比で 20%程度削減されている．しかし，イギリスが消費する製品をライフサイクル全体で計算すると逆に 20%以上増加している．イギリスという国が地球環境に与えている本当の影響は，イギリスの消費に伴う温室効果ガスの，イギリス国外での排出を含めた総量をみなければわからない．

　GDP（国内総生産）という指標に代表される"生産"の視点だけでみると，イギリスなどの先進国からは生産拠点が海外，主に発展途上国に移転しているため，イギリス国内の生産活動に伴って排出される温室効果ガスは減っている．一方，イギリスの消費のための海外生産の増加によって，海外での排出は増加している．つまり環境負荷が本当に低減されたわけではなく，単に国境を越えて移転し，むしろ増加しているという事実の認識が重要なのである．

　このことを一企業に当てはめて考えると，"外部委託（アウトソース）"に対する管理責任が ISO 14001:2015 で強化された理由がわかるはずである．

　多量のエネルギーを使用するプロセスや，有害物質を排出するプロセスなどを外部に委託するだけで，その企業の内部だけをみた環境パフォーマンスは簡単に改善する．しかしそれは本当の改善ではなく，単に環境負荷を外部に出して，みえなくしただけである．日本を含め，先進国の企業では環境負荷を隠す意図はなくとも，グローバル市場の中での最適地生産を追及する中で環境負荷の移転が無意識に進んでしまう．

　このような認識に立って，国連や EU では"ライフサイクル思考"に基づく環境政策がさらに強力に推進されるようになっている．

　ISO でも，1993 年に環境マネジメントに関する専門委員会 TC207 が設立されて，ISO 14001 の規格化作業が始まると同時に"ライフサイクルアセスメント（LCA）"に関する規格化作業もスタートしており，1997 年 6 月に最

初の規格"ライフサイクルアセスメント―原則及び枠組"が発行されている．その後，LCA に関する規格開発を所管する ISO/TC207/SC5 では，2014 年末現在で 11 種類の規格を発行しており，今後さらに拡大するものと思われる．

"ライフサイクル思考"は，2002 年に発行された ISO/TR 14062（環境適合設計）によって環境適合設計を実施するうえでの基本として位置付けられた．

ISO/TR 14062 の箇条 4（環境適合設計のねらいと考えられる利益）の冒頭に，"環境適合設計のねらいは，製品のライフサイクル全体を通じての環境負荷の低減にある"と明記されている．

製品のライフサイクル全体を通じた環境負荷の全体像に関する情報ニーズを具体化するものとして，製品のライフサイクルでの定量的な環境情報を公表する"タイプⅢ"とよばれる環境ラベルがあり，環境ラベルに関する規格開発を所管する ISO/TC207/SC3 によって 2000 年 3 月に ISO/TR 14025 が発行され，2006 年 6 月には正式な国際規格 ISO 14025：2006 となった．我が国では，（一社）産業環境管理協会（JEMAI）が 2002 年から"エコリーフ"という名称で環境ラベル制度の運用を行っている．

本項の冒頭で，英国国家規格 BS/PAS 2050 による"製品のカーボンフットプリント"に言及したが，ISO でも 2013 年に気候変動に関する規格開発を所管する ISO/TC207/SC7 によって ISO/TS 14067：2013 が発行された．

製品のカーボンフットプリントは，経済産業省により 2009 年度から 2011 年度まで 3 年間の試行事業が実施され，2012 年度より JEMAI によって"CFP プログラム"という制度が運用されている．

製品のカーボンフットプリントは，既述のとおり，温室効果ガスの排出という環境側面だけに着目してライフサイクルでの排出総量を算定・表示するものだが，元来 LCA の原則の一つに"包括性"ということが挙げられており（ISO 14040：2006），LCA では全ての環境側面を考慮することが求められている．製品のカーボンフットプリントの規格 ISO/TS 14067：2013 は気候変動問題を所管する TC207/SC7 が開発したものであるから，LCA の大原則からの逸脱という問題より，事実としてイギリスをはじめ世界の複数の国で同じような規

格が乱立する事態を前に，国際標準が必要であるとのニーズに対応することが優先された．

その後2014年7月には，LCAに関する規格開発を所管するISO/TC207/SC5によって，水の使用に関する"ウォーターフットプリント"の規格が発行された．TC207/SC5は自らが設定した原則に反する規格を作成せざるを得なくなったのである．

ライフサイクルアセスメントやフットプリントの概念は，元来は製品及びサービスを対象として生まれたものだが，最近では"組織"にも適用されるようになり，"組織の○○フットプリント"とか，より包括的に"組織の環境フットプリント"という言葉も使われるようになっている．"組織の環境フットプリント"は，組織が提供する製品やサービス全体に対して，原材料の採掘から輸送，生産，販売，使用，最終処分に至るまでの環境負荷の全体像を表す情報である．

組織に対してフットプリントの考え方を適用した最初のISO規格[*11]は，TC207/SC7が開発したISO/TR 14069:2013（ISO 14064-1適用のための手引）である．

ISO 14064-1（温室効果ガス—第1部：組織における温室効果ガスの排出量及び吸収量の定量化及び報告のための仕様並びに手引）では，組織は連結（支配力又は出資比率に基づく）ベースで定義され，組織による温室効果ガス（GHG）の排出を，以下の三つのカテゴリーに区分している．

・直接的なGHGの排出：組織内部の排出源からの排出
・エネルギー起源の間接的なGHGの排出：組織外から電力，熱などの形態で受け入れて使用することに伴い，これらの供給元での排出
・その他の間接的なGHGの排出：組織の活動に関係した組織外での排出

ISO 14064-1では上記の"その他の間接的な排出"に関する算定方法が一切記載されていないため，ISO/TR 14069は"その他の間接的な排出"について

[*11] 後述するが，この分野ではISO外の国際NPOであるGHGプロトコルによる規格が先行している．

具体的な算定の指針を提供する目的で開発された.

カーボンフットプリントの分野では，ISO 規格に先行して GHG プロトコルという国際 NGO が開発したガイドラインのほうが普及しており，内容面でも詳細な規定がなされている.

GHG プロトコルによる組織のライフサイクル全体にわたる温室効果ガスの排出は ISO 14064-1 と同様に 3 区分に分類されているが，直接的な GHG の排出を"スコープ 1"，エネルギー起源の間接的な GHG の排出を"スコープ 2"，その他の間接的な GHG の排出を"スコープ 3"と名付けていて，ISO 規格では使用されていない"スコープ"という言葉が国際的に普及している.

図 3.30 に"スコープ"の概念を示す. このうち"スコープ 3"，すなわち組織外部のバリューチェーンでの排出については，**表 3.7** に示す 15 のカテゴリーが定義され，それぞれの算定方法が詳しく規定されている.

我が国では，2012 年 3 月に経済産業省と環境省が連名で"サプライチェーンを通じた温室効果ガス排出量算定に関する基本ガイドライン"を公表し，その内容はほぼ GHG プロトコルのガイドラインに準拠している. こうして国内でも"スコープ 3"という言葉や，そのカテゴリーの 15 区分の考え方が普及している.

本書 3.9 節（コミュニケーション）で述べたように，環境に関する情報開示についての社会的要請は，企業情報開示及び製品情報開示の両方の領域でいっ

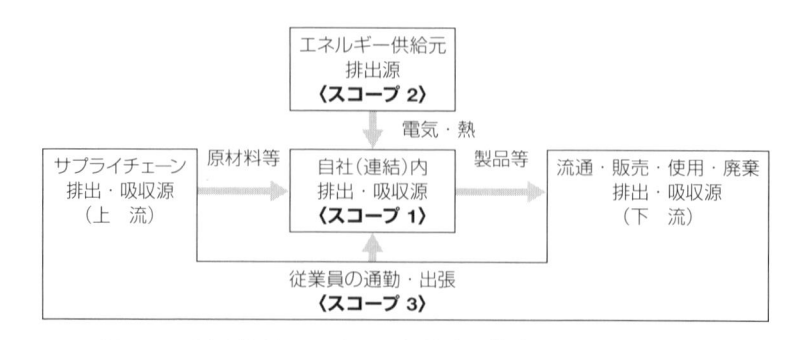

図 3.30 温室効果ガス（GHG）排出量算定のスコープの概念

表 3.7　スコープ 3 のカテゴリー分類

		カテゴリー
上流の排出 （購入側）	1	購入した物品とサービス
	2	資本財
	3	スコープ 1，2 に含まれない燃料，エネルギー関連活動
	4	上流の輸送・流通
	5	事業から発生する廃棄物
	6	出張
	7	従業員の通勤
	8	上流のリース資産
下流の排出 （販売側）	9	下流の輸送・流通
	10	販売された製品の加工
	11	販売された製品の使用
	12	販売された製品の最終廃棄処理
	13	下流のリース資産
	14	フランチャイズ
	15	投資

そう強くなっており，企業は説明責任を果たすうえでライフサイクル思考を採用せざるを得ない状況にある．

本書 3.8.2 項（説明責任の重要性）で紹介した環境省の環境報告ガイドライン（2012 年）の中で，表 3.5 に示した環境配慮経営の今後の重点事項の 4 番目に"バリューチェーンマネジメントとトレードオフ回避"が，環境報告の重要な視点の 5 番目に"バリューチェーン志向"が挙げられている．その内容の再掲はしないが，読者には環境省のサイトで公開されている原文を一読することをおすすめしたい．

3.11.3　ライフサイクル思考適用の実務

本書 3.11.1 項の図 3.29 に示すように，組織のバリューチェーンはきわめて

複雑で多数の組織が関係している．大企業の場合，組織にとって直接の取引先（一次サプライヤーなど，組織が物品・サービスを直接購入又は販売する相手方となる組織）だけでも数万社あるいはそれ以上の数になる場合があり，それらのすべてに対して一律に管理又は影響を及ぼすことは現実的ではない．直接の取引先を超える範囲のバリューチェーンの組織については，組織の特定すら困難な場合も多い．

　直接の取引先であれば，物品やサービス取引の一環として情報や金銭の授受が伴うことから，環境情報の授受についても比較的容易ではあるが，その先の組織となると，直接の取引先の協力を得なければ，何らかの依頼をすることすら難しくなる．こうした現実の中で"ライフサイクル思考"を実践するためには，次のような事項を明確に自覚して取り組む必要がある．

- ・目的
- ・目的に照らした選別（スクリーニング）
- ・重要性の判断（マテリアリティ，ホットスポット）
- ・協同

以下，この4点について基本的な事項を説明する．

（1）目　　的

　例えば，バリューチェーン（スコープ3）での温室効果ガスの排出量を算定するという活動は，手段であって，目的ではない．では何のためにそれを実施するのか，"目的"を明確にしないで着手すると，いたずらに経営資源（費用と時間）を浪費するだけで，それに見合う効果が得られない（又は不明）ということになってしまう．

　"カーボン・ディスクロージャ・プロジェクト（CDP）から質問状が届いたから，投資家の世界での企業評価を向上するため，少なくとも同業他社との比較で不利にならないために算定する"というのも目的としてはあり得る．CDPの質問では，スコープ1，2，3（3はオプション）の排出量の開示だけではなく，気候変動問題をどのようにとらえ，関連する"リスク及び機会"を

3.11 ライフサイクル思考

どのように認識し，それに対してどう取組みを計画・実施し，結果（パフォーマンス）はどうか，というような総合的な情報開示が求められている．このうち排出量の算定については，いかなる基準に準拠して算定したのか，信頼できる基準への準拠が求められる．

GHGプロトコルによるスコープ3の算定基準は最も普及している基準であり，それに準拠すれば十分評価はされるが，そこで15のカテゴリーが提示されているからといって，全てのカテゴリーをカバーする必要があると考えるのは必ずしも正しくはない．

業種や業態，全体の排出に占めるカテゴリーごとの割合，組織のリスク認識，管理又は影響を及ぼせる程度などによって算定すべきカテゴリーを選別し，組織独自の気候変動への対応戦略と整合して情報開示するほうが，全てのカテゴリーをカバーした情報をストーリーなく開示するよりも，高得点となる可能性が高い．"網羅性よりストーリー（重要事項の説明責任）"であり，日本企業の弱点は独自のストーリー性が弱いことにある．

(2) 目的に照らした選別（スクリーニング）

カーボンフットプリントを算定し表示する場合も，表示が目的ではなく，利害関係者はカーボンフットプリントの数字が年を追うごとに小さくなっていくことを期待している．管理も影響を及ぼすこともできない数字を表示しても意味がない．

そもそも，バリューチェーンの環境データの取得には大きな困難が伴うことは既述したが，直接の取引先から入手するデータは正確で信頼できるとしても，その先のデータの取得が困難であれば，既存のLCAデータベースなどを利用して推計することがGHGプロトコルをはじめ全てのガイドラインで認められている．

我が国では，LCA日本フォーラムが運営する"LCAデータベース"や，国立環境研究所による産業連関表ベースの"環境負荷原単位データベース"などがある．こうしたデータベースを利用すると，ある素材をどれだけ使用してい

るか（活動量）がわかれば，その素材1トンあたりのライフサイクルでの排出量データ（排出係数）を掛け算することで，バリューチェーンを通じた排出量の合計が容易に得られる．このようにして得られるデータは，当然一般的な推定値にすぎず，当該企業が使用する特定のサプライヤー及びその先のバリューチェーンの真のデータとは一致しない．しかし，真のデータが得られない場合にデータベースによる推定値を利用することは，全てのガイドラインでも認知されている．

バリューチェーンの環境データには，このような"不確かさ"が伴うことが不可避であるため，"データ"の質のばらつきがあることを認識し，その算定上の仮定やデータの出所を明確にしておかなければならない．

GHGプロトコルのスコープ3の算定基準では（その他のガイドラインもほぼ同様），まずはデータベースなどを利用して全てのカテゴリーについて大まかな推計値を算出し，各カテゴリーの推計値が全体に占める割合を見て，全体の8割程度を占める重要なカテゴリーを抽出する"スクリーニング"の実施を推奨している．重要なカテゴリーが明らかになったら，それらについてさらに精度を上げられるか否かを検討し，可能な範囲で詳細なデータ取得を実施する，という2段階のプロセスが提示されている．

膨大な数のバリューチェーンの関係組織に対応するには"環境負荷の大きさ"や"リスク"，"管理又は影響"というような視点から，まず"スクリーニング"するという考え方をもつことが肝要である．

(3) 重要性の判断（マテリアリティ，ホットスポット）

重要性の判断ということは，既述の"スクリーニング"の基準を決めることにほかならない．そして"基準"を設定するうえで不可欠な事項が"目的"である．

企業情報開示の世界では，"マテリアリティ"という言葉がよく使われており，世界で最も普及しているといわれるGRI（グローバル・レポーティング・イニシアティブ）の持続可能性報告ガイドライン（第4版：G4）では"マテリ

アリティ"を次のように説明している.

・組織が経済，環境，社会に与える著しい影響を反映している，または
・ステークホルダーの評価や意思決定に実質的な影響を与える

上記の二つの基準とともに，"マテリアリティは，ある側面が報告書に取り上げるのに十分な重要性をもつかどうかの閾値である"と解説されている．バリューチェーンやライフサイクルといった際限のない領域に関する情報では，網羅性よりもマテリアリティのほうが重要なのである．

ライフサイクルの視点から取り組むべき課題を抽出する企業の側にとっても，課題の重要性による選別，優先順位付けが不可欠である．莫大な利益を計上し，豊富な資産を保有する超優良企業といえども，経営資源には限りがある．限りある資源を使って取り組む以上，全ての課題に対応することはできないので，企業と環境双方の観点から課題ごとの重要性について優先順位を明確化し，優先順位の高いほうからできる範囲内で取組みを計画することは，環境経営だけでなく企業経営一般の常識であろう．

アメリカ企業などでは優先的に取り組む必要がある課題を，よく"ホットスポット"と表現する．原発事故後に"ホットスポット"という言葉は我が国でもよく聞くようになった．気の遠くなるような巨大な課題に現実的に対応するためには，どこに"ホットスポット"があるのかをまず明確にしたうえで，必要性の高いところから順番に着手するしかないのである．

ライフサイクルでの取組みを計画するとき，"ホットスポット"という言葉を常に念頭に置いて考えるとよい．

(4) 協　　同

ISO 14001:2015では，企業の上流（外部委託を含むサプライチェーン）や下流（流通，販売，顧客，廃棄物処理など）に対しても"管理する又は影響を

及ぼす"ことが規定されている．

　しかし，バリューチェーンを構成する外部組織との実際の関係においては，"管理又は影響"という態度より，"協同"という視点をもつことが重要ではないだろうか．ISO 26000（社会的責任に関する手引）でも，影響力の行使（7.3.3.2）で"組織はまず社会的責任に対する意識の向上を目的とした対話への関与，及び社会的に責任ある行動の奨励を検討すべきである"として，調達力などを背景とした一方的な対応の押し付けをしないように戒めている．

　実際に我が国の独占禁止法や下請法でも取引先に対する強権的な手法には様々な規制がかかっており，たとえ環境やCSRなどの高尚な目的のためであっても注意しなければならない．

　バリューチェーンのパートナーと協同して環境課題に取り組み，その成果も両者で享受できるようなWin-Winの関係及び取組みを計画することが期待されている．

3.12 順守義務の履行
ポイント 12

3.12.1 順守義務の履行に関する要求事項の解説

　"順守義務を満たすこと"は，EMSの意図する成果の3本柱の一つとしてISO 14001：2015の箇条1（適用範囲）の中で明記されている．2004年版でも同様の趣旨は記載されていたが，2015年版ではEMSの意図する成果をより確実に達成できるように，順守義務に関する要求事項が2004年版と比べてはるかに多くの細分箇条において規定されている．

　表3.8に，2015年版と2004年版の順守義務に関する要求事項の対比を示す．2004年版では"順守義務"という用語はなく，"法的要求事項及び組織が同意するその他の要求事項"という長い表現が使用されていたが，この表現は既述のように2015年版で導入された"順守義務"という用語と全く同一であることから，表3.8では2004年版の要求事項に対しても"順守義務"という

3.12 順守義務の履行

表 3.8 順守義務に関する要求事項

ISO 14001：2015	ISO 14001：2004
4.2 利害関係者のニーズ及び期待の理解 順守義務となるものを決定	
4.3 EMS の適用範囲の決定 適用範囲の決定にあたって順守義務を考慮	
5.2 環境方針 順守義務を満たすことへのコミットメント	**4.2 環境方針** 順守義務を順守するコミットメント
6.1.1 （リスク及び機会への取組み）一般 順守義務に関連したリスク及び機会の決定	
6.1.3 順守義務 順守義務を決定し，組織にどう適用するかを決定	**4.3.2 法的及びその他の要求事項** ・順守義務を特定し，組織の環境側面にどう適用するか決定する手順 ・EMS の確立・実施・維持において順守義務を考慮
6.1.4 取組みの計画策定 順守義務への取組みを計画	
6.2.1 環境目標 環境目標を策定するとき，順守義務を考慮	**4.3.3 目的，目標及び実施計画** ・順守義務に関するコミットメントに整合する ・目的・目標の設定，レビューで，順守義務を考慮
7.2 力量 順守義務を満たすために必要な力量の決定	
7.3 認識 順守義務を含む，EMS 要求事項に適合しないことの意味を認識	
7.4.1 （コミュニケーション）一般 コミュニケーションプロセスを計画するとき，順守義務を考慮	
7.4.3 外部コミュニケーション 順守義務による要求に従って，外部コミュニケーションを実施	
7.5.1 （文書化した情報）一般 文書化した情報の程度を決める理由の一つに，順守義務を満たしていることを実証する必要性を掲載	

表 3.8 （続き）

ISO 14001：2015	ISO 14001：2004
9.1.2　順守評価 • 順守評価のプロセスを確立・実施・維持 • 順守状況に関する知識と理解を維持	4.5.2　順守評価 • 順守評価の手順の確立，実施，維持
9.3　マネジメントレビュー • 順守義務の変化のレビュー • 順守義務を満たすことのレビュー	4.6　マネジメントレビュー • 順守評価の結果のレビュー • 順守義務の変化のレビュー

注：ISO 14001：2004 では，"順守義務"は"法的及び組織が同意するその他の要求事項"と表現されている．

用語に置き換えて示している．

　この表からも明らかなように，2004 年版では五つの細分箇条で順守義務にかかわる要求事項が規定されていたところ，2015 年版では 14 の細分箇条で規定されており，倍以上に増加している．

　表 3.8 に示す個々の要求事項の意味は，本書 2.2 節（ISO 14001：2015 の要求事項のポイント）で解説しているので繰り返さないが，全体として順守義務の履行に関連する規定箇所が倍以上に増加したのは，経営者のコミットメントや環境方針で明記される"順守義務を満たす"という，社会に対する約束を確実に実行する仕組みを従来以上に明確化し，その実行を担保する意図がある．

　本書 3.8.1 項（経営者の責任に関する要求事項の意図）でも述べたが，2015 年改訂は組織に対して"言行一致"を強く求めるものとなっており，特に社会的信用の要となる"順守義務の履行"に関してはそれが最も色濃く表れている．

　"順守義務"には，法的要求事項を超えて組織が順守することを選んだ利害関係者の期待やニーズが含まれている．以降，順守義務の二つの領域，すなわち"法令順守"と"自主的に選択した義務の順守"のそれぞれに対して，2015 年改訂の意図に照らして認識しておくべき基本的な事項について解説する．

3.12.2 EMSにおける法令順守のあり方

　法令順守のための仕組みの整備は，ISO規格と関係なく会社法で定められる"業務の適正を確保するための体制"の構成要件として不可欠なものであることを，本書3.7節（事業プロセスへの統合）で述べた．会社でなくとも全ての法人や私人にとって，法律の順守は社会で生きるうえでの最低限のルールであることはいうまでもない．世の中の仕組みが複雑になるにつれ，法律も複雑で多様化していく．

　環境管理関連でも，公害防止を中心とした1970年代の法規の数に比べて，地球環境問題にまで広がった現在の環境関連法規の数は数倍以上に増加している．様々な分野で新たな法規が生まれ，かつ内容面でも専門化してくると，プロの弁護士でも全ての法規に精通しているという人は少なく，ましてや企業の法務部では会社法や民法などは勉強していても，環境管理に関する法律は全く知らないという場合も多い．

　ISO 14001の初版（1996年版）で，"活動，製品又はサービスの環境側面に適用可能な法的要求事項"の特定が要求されてからは，ISO 14001担当者（事務局）に環境関連法規の特定と対応・順守義務の履行が任せられるような体制になってきた．しかし，"環境側面に適用される法的要求事項"にどこまでの法律を含めるかの判断は組織に任されている．

　我が国では（多くの諸国でも），"環境法"という明確な領域が法学界で定められているわけではない．ISO 14001に関係する法規については，環境基本法を頂点として，大気，水質，土壌，廃棄物などに関連する法規と，化学物質管理の一部やエネルギーの使用に関連する法規くらいまでを守備範囲と考えている組織がほとんどだろう．これは特定の本のタイトルに言及しているわけではないが，ちまたでは"ISO環境法"などという言葉が散見される．

　こうした用語を使用した本や雑誌の連載などでは，おおむね上記のような範囲の法規を扱い，その狭い世界での詳細な解説が述べられている．しかし現実の社会では，世界的に環境問題が深刻化する中で，経済や社会の様々な側面に

関する法規の中に，環境問題に対処するためのルールを組み込むことが増えている．

例を挙げればきりがないが，例えば"土壌汚染"に対しては"土壌汚染対策法"を認識していれば十分かというとそうではない．

2003年1月，"不動産鑑定評価基準"の中で土壌汚染の調査が義務付けられた．汚染した土地は買い手がつきにくく，土地評価額が下がる．

土壌汚染が存在する土地の売却や賃貸しに際しては"宅地建物取引業法"により，売り手・貸し手側に対して，契約上の"重要事項"として買い手・借り手側に対する事前説明を行う義務が規定されている．実際に2005年には，超大手不動産会社が販売したマンションにおいて，入居者に土壌汚染の存在について事前説明をしなかったとして"宅地建物取引業法違反（重要事項の不告知）"で摘発・送検され，関係する大手企業のトップが辞任する事件が起きている．不要になった土地（遊休資産）の売却又は賃貸しはどのような組織にもあり得ることだからこそ，注意しなければならない．

地下水汚染問題を抱える企業は多いが，法的には"水質汚濁防止法"を意識するだけでは十分ではない．むしろ民法第709条（不法行為の一般的要件及び効果）による損害賠償訴訟の可能性のほうが深刻な場合がある．本書3.9.3項（環境コミュニケーションの注意事項）で紹介した"景品表示法"によって環境関連の宣伝が摘発されるという事例も同様のことである．

EMS向けに限定した環境法の解説図書は木を見て森を見ていないことが多く，それらで説明される法規がすべてだと思うのは危険である．

"リーガルマインド"という言葉がある．世の中で実際に起こっている事実の中で"法律問題"を見つけていける力，倫理的規範や日本国憲法，さらには民法などによる規定の基本的な視点や意味・意図を踏まえて，正常で健全な感覚で"これはおかしいのではないか？"と感じることである．

"廃棄物処理法"は度重なる改正によって内容が膨れ上がり，環境関連法規の中でも最も理解及び順守に困難をきたすものであろう．"廃棄物"か否かの判断すら難しい場合があり，最高裁判決などによって"総合判断説"，すなわ

ち物の性状，排出の状況，通常の取扱い形態，取引価値の有無，占有者の意思を総合的に判断して，廃棄物か否かが決まるとされている．

　裁判官はともかく，自治体で廃棄物規制を執行する人々にとっても判断が難しい場合があろうことは容易に推察でき，ましてや組織の担当者が判断することも難しい．こういう場合，規制の網をかいくぐって得をするという立場に立つと悩みはつきない．廃棄物であるか否かにかかわらず，廃棄物処理法の目的である"生活環境の保全"という視点に立ち返って，他人に迷惑をかけない，他人の権利を侵害しないということを第一に，安全側で判断すれば悩む必要はなくなる．廃棄物処理法の子細な知識を誇るより，基本に立ち返って正しい判断ができることこそが，リーガルマインドなのである．

　"環境法"という領域が，閉じていない，一義的に限定できないとなると，EMS事務局が環境関連の法令順守を全て統括することは不可能である．だからこそ"事業プロセスへの統合"が不可欠になり，本項で例に挙げた"宅地建物取引業法"に関する知識などは，総務部門や経営企画部門などの組織内で土地の売買賃借の許認可権限を有する部門がそのプロセスに内部化することが必要であり，"景品表示法"による規制への対応は，環境関連の宣伝文句や社外広報の許認可権限を有する広報・宣伝部門のプロセスの中で実施するしかないのである．

　組織に適用される環境関連法規の特定は，各部門が自らの業務に関係する法的義務を自ら特定するような仕組み（社内規則）としておくことが肝要である．

　環境関連法規も含め，法律はすべからく社会の変化とともに変わっていく．社会的な事件を契機として，または社会の価値観の変化に対して，法的な対応に不備があったり，実態と合わなくなっていることが明らかになれば，法律は改正されたり，新たに制定されたりする．

　ISO 14001：2015でも，外部の課題の変化として順守義務の変化がマネジメントレビューの対象として明記されている［9.3 b)］が，適用され得る環境関連法規の変化動向について，既述のような広い分野での変化までとらえるためには，受信する周波数帯域の広いアンテナを張ること，すなわち組織内の多様

な部門でそれぞれの守備範囲での変化をウォッチしていくことが肝要である．環境法規を限定的にしかとらえられない事務局が，全ての変化を事前に把握するのは不可能である．

　法規制が変更されるにはそれなりの理由があり，多くの場合は社会的に話題となる事件が出発点となる．2005年前後に発覚した大気や水質データの測定義務違反やデータ改ざん事件を契機に，大気汚染防止法や水質汚濁防止法が改正され，罰則規定などが追加された．

　2012年に利根川から取水する首都圏の浄水場でホルムアルデヒドが検出され，数日間水道の供給が止まった．原因は，利根川上流域で"ヘキサメチレン・テトラミン（HMT）"というホルムアルデヒドの前駆物質がほとんど無処理で排出され，これが浄水場で投入される塩素と反応して有害物質であるホルムアルデヒドに変化したということであった．HMTはこの時点では水質汚濁防止法の規制物質ではなかったため，法令違反で訴追することはできず，民法による損害賠償が争われることになった．

　HMTはすぐに規制対象に加えられたが，他の組織で社会に害を与える事案が発覚した場合には，まずは自組織の状況を点検すべきであり，自組織で同様のことが検出されたら，その時点で規制されているか否かにかかわらず直ちに行政に報告するとともに，是正処置に着手すべきである．社会に害を与える原因となるような事項が判明したら，それは遠からず規制される．規制されるまでは罪に問われることはないと思ったら大間違いである．害があると知った後でそれを繰り返すことは，社会が許さない．

　HMTを水質汚濁防止法の規制物質に加えるというような規制の変更は行政の裁量ですぐに対処できるが，国会での承認が必要となるレベルの法改正や新法制定にはかなりの時間がかかる．まずは省庁の審議会，委員会，研究会といった場で利害関係者が参加して議論がなされる．当該法改正や新法制定によって大きな影響を受ける業界団体などは，通常このような場に委員として参画する．そこで具体的な法改正内容などが合意されると報告書案が起草され，広く一般社会の意見を聴取するパブリックコメントに付される場合もある．

こうしたプロセスを経て法案が決定し，国会での審議に入り，成立・公布・施行に至るまで少なくても1年，内容によっては数年かかるものもある．

発端となる事件の発覚から，それに対処する法令の施行に至る長い期間のどの時点で組織は外部の課題の変化として認識し，きたるべき変化への備えを開始しているのだろうか．業界団体の中心となる大企業は比較的早い段階から課題認識が可能だろうが，十分な専門スタッフをもたない小企業では情報の入手が遅れがちになる．経営に重大な影響を与え得るような大きな法改正や新法制定については，業界団体が遅滞なく傘下の小企業にも情報提供し，必要なら行政の担当者を招致して説明会を開催するなど，順守義務の履行に支障をきたさないようなサービスが求められる．

順守義務の特定や順守義務の変化を法律の制定過程のどの時点でとらえているか，それぞれの組織で再確認してみるとよい．

変化が大きく重要なものほど早く認識して対応準備を進めないと，対応が間に合わず法令不順守状態になってしまったり，余分なコストがかかったりする場合もある．重要な法規制の変化に関する認識の遅れは，組織にとって"脅威"になるのである．

3.12.3 自主的に選択した義務の順守

組織が順守することを選んだ要求事項（2004年版では，組織が同意するその他の要求事項）について，2015年版の附属書Aでは**表3.9**に示す事項が例示されている．

a），b），f）は，コミュニティや自治体などとの環境（公害防止など）に関する自主協定や，取引先との契約における環境関連事項の取決め（例えば，鉛やカドミウムなどの特定有害物質を一定の閾値以上含有しない部材・製品を提供すること）などを指しており，これらは組織とその特定の利害関係者との約束事であり，約束の履行は相手方が常に監視しているので"順守"が守られる蓋然性は高い．

表 3.9 組織が自主的に選択した順守義務の例
（ISO 14001:2015　附属書 A.6.1.3 より）

> a) コミュニティグループ又は NGO との合意
> b) 公的機関又は顧客との合意
> c) 組織の要求事項
> d) 自発的な原則又は行動規範
> e) 自発的なラベル又は環境コミットメント
> f) 組織との契約上の取決めによって生じる義務
> g) 関連する，組織及び業界の標準

c) は，組織の内部規則や綱領，経営方針などに対する順守で，組織の外部からは見えないものもある．内部規則違反は基本的に組織が定めた懲戒処分などの規則によって対処される．最近では従業員などからの内部告発を保護する制度を有する組織も増えており，終身雇用制度が崩れたネット時代では組織内部の"悪事"を隠ぺいし続けることはいっそう難しくなっていることを認識しなければならない．

d) の原則には，例えば国際的なものとして国連主導の"グローバルコンパクト"がある．この原則に参画し署名した組織は，定期的に自らの履行状況についての報告が求められる．原則に違反するような不祥事が顕在化すれば除名される可能性があり，参画していない組織の不祥事よりもはるかに大きな社会的非難を受けることもあり得る．CSR や環境に関する様々な"原則"の受け入れを表明することは組織に対する社会的評価の向上に寄与する反面，不履行となった場合のダメージが倍増するからこそ，参加する組織は原則の順守にいっそう努めるようになる．

e) に記載されるものには，エコマークなどの環境ラベルやカーボンフットプリント制度，さらには自主的に毎年環境・CSR 報告書を発行するといったコミットメントがある．こうした取組みは利害関係者（社会全般を含む）に対するコミュニケーションや情報開示に関連しており，実施上の注意事項は本書 3.9.3 節（環境コミュニケーションの注意事項）を参照されたい．

順守義務の特定が実務的に最もグレーなのは g) ではないだろうか．例えば，

国内最大の"業界団体"といえば,経団連(一般社団法人日本経済団体連合会)であろう.経団連のウェブサイトによると,会員は我が国の代表的な企業1,309社,製造業やサービス業などの主要な業種別全国団体112団体,地方別経済団体47団体から構成されている(2014年10月1日現在).

経団連は"企業行動憲章"を公表している[*12].その"序文"において,"会員企業は,次に定める企業行動憲章の精神を尊重し,自主的に実践していくことを申し合わせる"と宣言している.

"企業行動憲章"の第5原則には環境問題への取組みが挙げられており,詳細な"実行の手引"が公表されているので,少なくとも経団連の会員企業は自らが自主的に選択した順守義務[表3.9のg)に該当する]として認識し,明示していなければおかしい.

企業行動憲章の第10原則に次のような記載がある.

> 本憲章に反するような事態が発生したときには,経営トップ自らが問題解決にあたる姿勢を内外に明らかにし,原因究明,再発防止に努める.また,社会への迅速かつ的確な公開と説明責任を遂行し,権限と責任を明確にした上,自らを含めて厳正な処分を行う.

ISO 14001:2015では,細分箇条4.2(利害関係者のニーズ及び期待の理解)で,経営的視点に立って自主的な順守義務を特定することが求められている.この要求事項を最大限活用することが肝要である.本書1.1節(ISO 14001開発の目的)で述べたように,元来,ISO 14001は法令順守を超えた自主的な取組みを進めるための仕組みとして開発されたものであり,EMSを環境法令順守マネジメントシステムにとどめてはいけない.

[*12] 1991年9月制定後4回の改定を経て,執筆時現在は2010年9月改定のものが最新版である.

今や法令違反に対する罰則より，倫理的な義務に反した場合の社会的制裁のほうが厳しい．経団連の企業行動憲章第10原則の厳しい表現は，こうした認識を背景に記述されているのである．

　自主的に受け入れる順守義務は，組織にとって倫理的な観点からのみ必要となるのではなく，ビジネスチャンスや競争優位にもつながる側面をもつことを認識するべきである．

　異なる文化，発想，知識などをもつ利害関係者との交流はイノベーションの源泉となり，それが競争力の強化につながった例は枚挙にいとまがない．

　筆者に関係が深い電気業界での例を一つだけ紹介すると，フロンレス冷蔵庫がある．一昔前（現在もゼロではない），冷蔵庫にはオゾン層を破壊するフロンが冷媒や発泡剤として使用されており，国際環境NPOのグリーンピースが世界の主要な製造メーカにフロンを使用しない冷蔵庫の開発を求めるキャンペーンを展開した．ほとんどの国内メーカが沈黙する中で松下電器（現パナソニック）はグリーンピースと対話する姿勢をとり，この結果，国内で最も早くフロンレス冷蔵庫を開発し販売に踏み切った．

　家電市場関係者の大方の予想に反してフロンレス冷蔵庫は消費者の高い関心と評価を受けて，市場を席巻するまでになった．同業他社も追随したが，松下電器のブランド力は大いに高まったのである．我が国の企業は，今でも国際環境NPOとの対話に逃げ腰のところが多い．しかしながら，企業とは異なる価値観と専門性をもつNPOとの関係を活用することで，市場や消費者の変化をいち早くとらえることができるのである．

　経団連が2013年1月17日に公表した"低炭素社会実行計画"に代表されるように，今後，企業の自主的取組みの重要性はいっそう大きなものとなる．ISO 14001:2015が21世紀の自主的取組みのインフラとして活用され，社会に認知される有効な仕組みに育てられていくことは，この規格を利用する全ての組織の責任である．

索　引

A - Z

Ad Hoc Group on MSS　　20
BCSD　　10
BSI　　16
CD　　37
CD1　　37
CD2　　37
CSG　　17
CSR　　99
　　──調達　　94
DIN　　16
DIS　　38
EDINET　　171
EMAS　　12
EMS　　9
　　──の将来課題スタディグループ　15, 31
　　──の将来課題スタディグループ勧告事項　33
　　──の適用範囲　　95
　　──の利害関係者　　65
Environmental Management System　9
EU　　100
FDIS　　38
"Future Challenges for EMS" Study Group　　31
GHG　　183
　　──プロトコル　　100
GRI　　93, 99, 125, 171
High Level Structure　　22
HLS　　22

IAF　　74, 142
ISO　　10
ISO 9001　　13, 128
ISO 14001　　9
ISO 14001：2015 と ISO 14001：2004 の対比　41
ISO 14001 の開発体制　　16
ISO 14064-1　　99
ISO 26000　　49, 90, 141
ISO 31000　　82, 102, 141
ISO/CASCO　　118
ISO D（ドラフト）ガイド 83　　22, 24
ISO/IEC Directives　　24
ISO/IEC 専門業務用指針　　24
ISO/TC207　　16, 124
ISO/TS 16949　　133
ISO ガイド 72　　20, 24
JAB　　119, 141
JAG　　17
JCG　　17
Joint Advisory Group　　17
Joint Coordination Group　　17
Joint Task Group　　17
Joint Technical Coordination Group　21
JTCG　　21
JTG　　17
Management System Standards　　13
MSS　　13
　　──共通要求事項　　14, 26
New Work Item Proposal　　15
NWIP　　15
PDCA サイクル（モデル）　　13, 28

202

PEST 分析　86
PESTLE 分析　86
PRTR 法　164
QCD　136
SIG　20
Strategies Implementation Group　20
SWOT 分析　87
TAG　19
Technical Adivisory Group　19
Technical Management Board　15
TMB　15, 19
TPP　13, 117
WBCSD　100
WD　37
WD1　36
WRI　100

あ行

アウトソース　178
アジェンダ 21　93
委員会原案　37
著しい環境側面　54
ウォーターフットプリント　183
運営原則　35
運用　66
英国規格協会　16
エネルギー管理統括者　98
汚染の予防　89
温室効果ガス　183
温暖化対策法　164

か行

カーボンフットプリント　180, 198
会社法　115
改正フロン法　98, 164
外部環境分析　84
外部コミュニケーション　65
外部状況　82
カフェテリア認証　95

環境管理・監査スキームの制度　12
環境コミュニケーション　124, 164
環境省　98, 112, 124, 157
環境状態　42
環境側面　54
環境と開発に関する世界委員会　10
環境と開発に関するリオ宣言　93
環境パフォーマンス　45, 48, 115
　──評価　123
環境フットプリント　183
環境法　193
環境報告ガイドライン　157
環境方針　45, 49
環境マネジメントシステム　9
環境目標　49, 57, 121
環境ラベル　198
環太平洋戦略的経済連携協定　13, 117
管理責任者　50
基幹業務プロセス　142
技術管理評議会　15, 19
技術諮問委員会　19
教育訓練　61
供給者　69
共通研究グループ　17
共通テキスト　20, 29
共通要求事項　36
共同ビジョン　22
京都議定書　12, 156
業務支援プロセス　142
金融商品取引法　166, 171
グリーン調達（購入）　94
グローバル・レポーティング・イニシアティブ　93, 99, 125, 171
経営管理プロセス　142
経営（事業）戦略　85
経営者の責任　151
計画　51
経済産業省　98
継続的改善　77, 117
経団連環境アピール　11
景品表示法　166

合同技術調整グループ　21
合同諮問グループ　17
合同タスクグループ　17
合同調整グループ　17
考慮する　58
考慮に入れる　58
国際規格案　38
国際認定フォーラム　74, 142
国際標準化機構　10
コミットメント　46
　　——の実証　47
コミュニケーション　63, 159
コンプライアンス　165

さ行

最終国際規格案　38
作業原案　37
支援　60
事業継続　43
事業プロセス　139, 142
　　——への統合　47, 56
資源　60
システムエラー　77
持続可能性報告ガイドライン　93, 99, 125
持続可能な開発　93
　　——に関する世界委員会　93
　　——のための経済人会議　10
　　——のための経済人協議会　100
持続可能な社会　9
持続可能な発展　93
実行する責任　48
指標　59, 123
順守義務　43, 72, 164, 190
　　——の履行　190
順守評価　72
上位構造　22
省エネ法　64, 98, 164, 171
消費者庁　166
情報開示　156

新業務項目提案　15
審査　118
水質汚濁防止法　165
成熟度評価　136
生態系サービス　93
生物多様性　92
世界資源研究所　100
是正処置　76
説明責任　48, 154
戦略実践グループ　20
測定可能な結果　77
組織の管理下で働く人々　62
組織の状況　42, 80
　　——の理解　82

た行

タートル図　133, 146
第一次委員会原案　37
第一次作業原案　36
大気汚染防止法　165
代替の原則　103
第二次委員会原案　37
地球環境問題　9
地球サミット　10, 93
地球の未来を守るために　10
追加アプローチ　37
定期見直し　14
提供者　69
適合性評価委員会　118
ドイツ規格協会　16
統合アプローチ　37
トップマネジメント　47, 152
トリプル・ボトムライン　93, 156

な行

内部環境分析　85
内部監査　73
内部コミュニケーション　64
内部状況　82

内部統制　144
日本適合性認定協会　119, 141
認識　61
認証　119

は行

廃棄物処理法　64, 164
パフォーマンス　77
　――評価　70
バリューチェーン　175
非財務情報　156
ヒューマンエラー　77
品質・コスト・納期　136
附属書 SL　24, 26, 29
　――コンセプト文書　25
不適合　76
不当表示　166
ブルントラント委員会　93
プレッジ・アンド・レビュー　157
プロセス　46, 127
　――アプローチ　13, 128
　――マッピング　131
文書化した情報　45, 54, 65, 68, 168
分野固有のテキスト　29
法令順守　165, 193
ホットスポット　188

ま行

マクロ分析　84
マテリアリティ　188
マテリアルフローコスト会計　135
マネジメントシステム規格　13
　――の共通要求事項　14
　――の将来戦略を検討するグループ　20
　――の整合化問題　17
　――の認証の意味　118
マネジメントレビュー　74
マンデート　15, 34
ミクロ環境分析　85

ミニマム・コア・スタンダード　39
目的　122
目標　122

や行

有効性審査　120
要求事項　44
予防処置　52

ら行

ライフサイクル　54, 175
　――思考　175, 180
リーガルマインド　194
リーダーシップ　46, 152
利害関係者　49, 81, 160
力量　60
リスク　84
　――アセスメント　110
　――及び機会　51, 101, 111
　――の定義　103
　――ベース思考　102
　――マトリックス　113
　――マネジメント　102, 110, 141
倫理調達　94

著者略歴

吉田　敬史（よしだ　たかし）
　1950年　東京都に生まれる
　1972年　東京大学工学部電気工学科卒業
　　　　　三菱電機株式会社入社
　1974年～75年
　　　　　米国ウエスティングハウス社留学
　1975年　三菱電機株式会社制御製作所にて，電力系統保護システムの設計開発業務に従事
　1991年　三菱電機株式会社環境保護推進部
　2004年　三菱電機株式会社環境推進本部本部長
　2006年　三菱電機株式会社退職
　　　　　合同会社グリーンフューチャーズ設立
　現　在　合同会社グリーンフューチャーズ代表
　　　　　ISO/TC207/SC1 日本代表委員
　　　　　環境管理システム小委員会（ISO/TC207/SC1 対応国内委員会）委員長
　　　　　品質マネジメントシステム規格国内委員会（ISO/TC176 対応国内委員会）委員
　　　　　ISO/TMB/TAG 対応国内委員会 委員
　　　　　温室効果ガスマネジメント及び関連活動対応国内委員会（ISO/TC207/SC7 対応国内委員会）委員

平成 11 年度工業標準化事業功労者　通商産業大臣賞　受賞

〈著書・執筆〉
　ISO 14001：2015（JIS Q 14001：2015）　要求事項の解説（共著），日本規格協会，2015
　ISO 14001：2015（JIS Q 14001：2015）　新旧規格の対照と解説（共著），日本規格協会，2015
　［2015 年改訂対応］やさしい ISO 14001（JIS Q 14001）環境マネジメントシステム入門，日本規格協会，2015
　　　　　　　　　　　　　　　　　　　　　　　　　　　　　　　　　ほか多数

効果の上がる
ISO 14001：2015　実践のポイント
定価：本体 2,700 円（税別）

2015 年 7 月 27 日　第 1 版第 1 刷発行
2017 年 7 月 12 日　　　第 4 刷発行

著　　　者　吉田　敬史
発　行　者　揖斐　敏夫
発　行　所　一般財団法人 日本規格協会
　　　　　　〒 108-0073　東京都港区三田 3 丁目13-12　三田MTビル
　　　　　　　　　　　　http://www.jsa.or.jp/
　　　　　　　　　　　　振替　00160-2-195146
印　刷　所　株式会社ディグ
製　　　作　株式会社大知

© Takashi Yoshida, 2015　　　　　　　　　　Printed in Japan
ISBN978-4-542-40264-5

- 当会発行図書，海外規格のお求めは，下記をご利用ください．
  販売サービスチーム：(03)4231-8550
  書店販売：(03)4231-8553　注文 FAX：(03)4231-8665
  JSA Webdesk：https://webdesk.jsa.or.jp/

図書のご案内

対訳 ISO 14001:2015
（JIS Q 14001:2015）
環境マネジメントの国際規格
［ポケット版］

日本規格協会　編
新書判・264 ページ　　定価：本体 4,100 円（税別）

ISO 14001:2015
（JIS Q 14001:2015）
要求事項の解説

ISO/TC 207/SC 1 日本代表委員　　ISO/TC 207/SC 1 日本代表委員
環境管理システム小委員会委員長　環境管理システム小委員会委員
吉田　敬史　　・　　奥野麻衣子　共著
A5 判・322 ページ　　定価：本体 3,800 円（税別）

ISO 14001:2015
（JIS Q 14001:2015）
新旧規格の対照と解説

ISO/TC 207/SC 1 日本代表委員　　ISO/TC 207/SC 1 日本代表委員
環境管理システム小委員会委員長　環境管理システム小委員会委員
吉田　敬史　　・　　奥野麻衣子　共著
A5 判・358 ページ　　定価：本体 4,100 円（税別）

日本規格協会　　　　　　https://webdesk.jsa.or.jp/

図 書 の ご 案 内

見る見る ISO 14001

イラストとワークブックで
要点を理解

寺田和正・深田博史・寺田　博　著
A5 判・120 ページ　　定価：本体 1,000 円（税別）

[2015 年改訂対応]
やさしい
ISO 14001（JIS Q 14001）
環境マネジメント
システム入門

吉田　敬史　著
A5 判・134 ページ　　定価：本体 1,500 円（税別）

[2015 年版対応]
活き活き ISO 14001

本音で取り組む環境活動

国府保周　著
新書判・188 ページ　　定価：本体 1,400 円（税別）

日本規格協会　　https://webdesk.jsa.or.jp/